Kuldeep Mishra
Vani Bhatia

Dinâmica das proteínas do leite: Explorando os estados nativo e desnaturado

Kuldeep Mishra
Vani Bhatia

Dinâmica das proteínas do leite: Explorando os estados nativo e desnaturado

"Análise comparativa de ingredientes à base de proteínas do leite: Estados Nativos vs. Desnaturados"

Imprint

Any brand names and product names mentioned in this book are subject to trademark, brand or patent protection and are trademarks or registered trademarks of their respective holders. The use of brand names, product names, common names, trade names, product descriptions etc. even without a particular marking in this work is in no way to be construed to mean that such names may be regarded as unrestricted in respect of trademark and brand protection legislation and could thus be used by anyone.

Cover image: www.ingimage.com

This book is a translation from the original published under ISBN 978-620-7-47626-8.

Publisher:
Sciencia Scripts
is a trademark of
Dodo Books Indian Ocean Ltd. and OmniScriptum S.R.L publishing group

120 High Road, East Finchley, London, N2 9ED, United Kingdom
Str. Armeneasca 28/1, office 1, Chisinau MD-2012, Republic of Moldova, Europe
Printed at: see last page
ISBN: 978-620-8-13843-1

Índice

Resumo 3

Introdução 4

Impacto do tratamento térmico nas proteínas do leite 6

  1. Estado nativo das proteínas do leite 7

  2. Desnaturação de proteínas mil individuais 10

  3. Interacções entre a caseína e as proteínas do soro 15

  4. Ingrediente de proteínas lácteas 17

  5. Ingrediente proteico nativo 18

  6. Ingredientes de proteína desnaturada 36

  7. Caseinato 39

  8. Comparação da fase nativa e desnaturada do ingrediente proteico ... 49

Conclusão 55

Referências 56

"Ingredientes à base de proteínas do leite no seu estado nativo e desnaturado - Uma avaliação comparativa"

Resumo

As proteínas do leite desempenham um papel importante no perfil nutricional do leite. Podem ser utilizadas como valor acrescentado no produto ou como suplemento nutricional. Quando o leite é aquecido a mais de 70 °C, as suas proteínas começam a desnaturar e ocorrem várias alterações no seu perfil nutricional. A desnaturação pode restringir a sua utilização em vários produtos. A desnaturação das proteínas ocorre principalmente devido ao tratamento térmico e ao método de fabrico de produtos com elevado teor de proteínas. As proteínas desnaturadas são como o caseinato de sódio, o caseinato de cálcio, o coprecipitado, como o coprecipitado médio de alto teor de cálcio, que podem ser utilizados no fabrico de produtos de panificação, tintas e muitos outros produtos, enquanto os ingredientes proteicos do leite nativo são fabricados através do processamento por membrana e têm uma desnaturação mínima das proteínas, como o concentrado de proteínas do leite (MPC), Isolado de proteína do leite (MPI), que tem um rácio de caseína para proteína de soro de leite semelhante ao do leite, concentrado de proteína de soro de leite, isolado (WPC, WPI), concentrado de caseína micelar (MCC), que têm a maior parte da proteína em estado natural. Podem ser utilizados no fabrico de gelados e iogurtes para substituir o leite em pó desnatado, bem como na indústria farmacêutica. Estas proteínas em pó têm também uma boa aplicação na formulação de "alimentos para desportistas". A aplicação de novas abordagens analíticas (genómica, nanotecnologia) às proteínas do leite permitirá à indústria de lacticínios produzir ingredientes proteicos altamente funcionais e saudáveis para aplicações alimentares e dietéticas específicas.

Palavras chave: MPC, MPI, MCC, WPC, WPI, Co-precipitado, Proteína nativa e desnaturada em pó

Introdução

O leite é um alimento complexo do ponto de vista da composição molecular que constitui uma parte importante da dieta humana, principalmente devido ao seu elevado valor nutricional. É consumido como líquido ou é utilizado para a produção de outros produtos lácteos, como manteiga, queijo, gelado, etc. O leite é uma emulsão de glóbulos de gordura numa fase aquosa. A fase aquosa é constituída por componentes dissolvidos e suspensos, tais como micelas de caseína, proteínas do soro, minerais de lactose e vitaminas (Brans, Schroe "n, van der Sman, & Boom, 2004). Tradicionalmente, as proteínas do leite são classificadas em duas categorias principais, cuja concentração no leite bovino é apresentada em (Walstra & Jenness, 1984). O leite bovino normal contém cerca de 3,5% de proteínas. A primeira e mais abundante é a família da caseína, que consiste em várias fracções (principalmente alfa s1, alfa s2, beta, kappa) e a maioria delas existe numa partícula coloidal conhecida como micela de caseína. O segundo grupo de proteínas do leite são as proteínas do soro, que incluem proteínas sensíveis ao calor, globulares, solúveis em água e enzimas (Goff & Hill, 1993). A composição do leite varia com a raça da vaca, o progresso da lactação, o tipo e a quantidade de alimento e a mastite (Walstra e Jenness, 1984).

O processamento térmico do leite é uma etapa essencial da produção de leite adoptada pela indústria de lacticínios. O tratamento térmico do leite tem como objetivo prolongar o prazo de validade e melhorar a qualidade deste fluido biológico complexo, reduzindo a carga microbiana e, assim, minimizando o risco de intoxicação alimentar (McKinnon, Yap, Augustin, & Hermar, 2009). No entanto, o aquecimento do leite nem sempre é empregue para garantir o ingrediente em produtos à base de leite, o tratamento térmico é empregue para melhorar as propriedades organolépticas de tais formulações lácteas, manipulando a funcionalidade das proteínas do leite (del Angel & Dalgleish, 2006). Por exemplo, as proteínas do leite e, em particular, as proteínas do soro de leite são normalmente utilizadas como agentes emulsionantes e espumantes em diversos produtos alimentares, graças às suas propriedades interfaciais únicas (Nicorescu *et. al.*, 2008). O tratamento térmico, dependendo das condições de processamento, pode resultar em mudanças irreversíveis na estrutura da proteína do leite. Quando o leite é aquecido a temperaturas superiores a 65^0 C, as proteínas do soro desdobram-se e expõem grupos hidrofóbicos previamente escondidos (Croguennec, Kennedy, & Mehra, 2004). Após o desdobramento, as proteínas do soro de leite são capazes de interagir com elas próprias e com a k-caseína para formar agregados proteicos induzidos pelo calor (Donato, Guyomarc'h, Amiot,

& Dalgleish, 2007; Jang & Swaisgood, 1990; Smits & van Brouwershaven, 1980). Estas alterações a nível molecular podem ter um impacto na funcionalidade da proteína, que por vezes é desejável e outras vezes pode ser prejudicial (Singh et al., 1994). A eficácia do tratamento térmico do leite como ferramenta para modificar as propriedades funcionais dos seus componentes proteicos tem sido amplamente documentada na literatura e vários mecanismos têm sido propostos para explicar os resultados, dependendo das condições de processamento do leite ou dos sistemas leite/soro de leite (Lucey, Munro, & Singh, 1999; Modler & Emmons, 1976; Modler & Harwalker, 1981; Morr, 1985; Singh & Newstead, 1992).

Impacto do tratamento térmico nas proteínas do leite

Quando as proteínas do leite são submetidas a um processamento térmico, dependendo das condições de aquecimento, as proteínas do soro podem sofrer uma alteração estrutural, normalmente conhecida como desnaturação, que é acompanhada por um desdobramento da proteína e uma exposição dos grupos hidrofóbicos. Durante o tratamento térmico, formam-se pequenos agregados de b-lactoglobulina que, com o aumento da temperatura ou do tempo de aquecimento, aumentam e formam-se agregados maiores de b-lactoglobulina desnaturada (Jang & Swaisgood, 1990). Quando a temperatura e/ou o tempo de aquecimento aumentam ainda mais, começa a desnaturação da a-lactalbumina, que forma complexos com grandes agregados de b-lactoglobulina desnaturada, e ambas as proteínas se ligam à superfície das micelas de caseína (Fox, 1992). Assim, após a desnaturação das proteínas do soro de leite, há uma reação entre estas últimas e as k-caseínas originalmente presentes nas superfícies das micelas de caseína, para produzir complexos entre as proteínas do soro de leite e as k-caseínas (Oldfield, Singh, Taylor, & Pearce, 2000). Estes complexos estão localizados na superfície das micelas de caseína (Corredig & Dalg leish, 1996) e na fase sérica do leite sob a forma de complexos solúveis, principalmente entre a k-caseína e as proteínas do soro (Guyomarc'h, Queguiner, Law, Horne, & Dalgleish, 2003). Além disso, também se formam agregados de proteínas de soro de leite isoladas (Mahmoudi, Mehalebi, Nicolai, Durand, & Riaublanc, 2007; Vasbinder & de Kruif, 2003). No entanto, estudos recentes indicam que, quando a k-caseína está presente, existe uma interação hidrofóbica preferencial e/ou uma ponte dissulfureto entre a fração de caseína e as proteínas do soro de leite desnaturadas pelo calor e desdobradas (Guyomarc'h, Nono, Nicolai, & Durand, 2009). Esta ligação preferencial tem um efeito protetor contra a agregação em grande escala induzida pelo calor das proteínas do soro de leite, o que, por sua vez, reduz o tamanho do agregado. Outros estudos mostraram que as1- ou b-caseínas também inibem a agregação em grande escala induzida pelo calor das proteínas do soro de leite ou de outras proteínas globulares, embora nenhuma destas duas caseínas possa trocar pontes dissulfureto (O'Kennedy & Mounsey, 2006). Em todo o caso, não se pode excluir a possibilidade de as1- ou b-caseínas competirem com a k-caseína na interação com as proteínas desnaturadas do soro de leite.

A cinética da desnaturação e agregação das proteínas é controlada pelas condições de aquecimento e pelo ambiente químico, sendo a temperatura de aquecimento e o pH provavelmente os factores mais importantes na determinação da taxa e extensão da desnaturação das proteínas e do grau de interação subsequente das proteínas do soro com as micelas de caseína (Anema & Li, 2003; Corredig & Dalgleish, 1996).

1. Estado nativo das proteínas do leite

1.1.Caseínas

A caseína constitui cerca de 80% das proteínas do leite e é encontrada principalmente como uma dispersão coloidal de grandes complexos proteína-mineral chamados "micelas de caseína". Devido à sua alta concentração em relação às outras proteínas, a caseína domina a determinação das características do leite durante o processamento (Schmidt 1980). As proteínas nas micelas têm pouca estrutura secundária ou terciária, mas têm uma estrutura quaternária complexa. A estrutura quaternária nas micelas de caseína fornece estabilidade que é derivada da estrutura terciária na maioria das proteínas globulares. Várias proteínas de caseína servem como "solventes" umas para as outras, proporcionando um ambiente protegido do solvente ou de outras influências externas (Brown 1984; Mc Mahon e Brown 1984A). A superfície externa contém uma elevada concentração de K-caseína. As *aSl-, a s2-* e as p-caseínas também contêm regiões hidrofóbicas que estão representadas nas superfícies das micelas, mas a K-caseína é predominante (Schmidt 1980). A porção inorgânica das micelas de caseína ajuda a estabilizá-las, neutralizando as cargas negativas das caseínas fosforiladas com a micela (iões de cálcio) e fornecendo uma estrutura para as proteínas (fosfato de cálcio coloidal e citrato) (McMahon e Brown 1984A; Kinsella 1984; Rose 1965). As proteínas micelares da caseína são principalmente *asl-,a* s2-p,e K-caseínas em proporções aproximadas de 3:.8:3:1. asl-Caseína tem oito ou nove grupos fosfato, dependendo da variante genética. as2-Caseína é a mais hidrofílica das caseínas. Tem duas ligações dissulfureto que, por tratamento térmico severo, podem ser levadas a interagir com as da p-lactoglobulina. Possui igualmente 10 a 13 grupos fosfato e é muito sensível à concentração de iões cálcio (Kinsella 1984; Swaisgood 1982). A 0-Caseína é uma molécula extremamente dipolar e anfifílica. É maioritariamente uma bobina aleatória, com 16% de prolina, e tem dois domínios hidrofílicos e hidrofóbicos separados. Tem quatro ou cinco grupos fosfato, dependendo da variante genética (Swaisgood 1982). A p-Caseína está frequentemente associada a proteínas séricas do leite, bem como a micelas de caseína. Tanto o aquecimento quanto o resfriamento do leite têm sido relatados para mover a p-caseína do soro para as micelas (Dzurec e Zall 1985). O resfriamento é o método mais utilizado experimentalmente para liberar a p-caseína das micelas, e o leite armazenado a 4°C pode ter até 40% da p-caseína dissociada das micelas (Schmutz e Puhan 1981). A adição de cálcio ao leite faz com que a p-caseína permaneça nas micelas independentemente da temperatura de tratamento (Carpenter e Brown 1985). A p-caseína é clivada por proteinases no leite para produzir a-caseínas e componentes 5, &fast, e 8-slow da fração proteose-peptona das proteínas do leite (Pearce 1980; Swaisgood 1982). Tal como a aS2-caseína, a K-caseína tem duas ligações dissulfureto que podem formar ligações cruzadas com a 0-lactoglobulina. Os dois terços N-terminais da molécula são hidrofóbicos e contêm as duas ligações dissulfureto. A extremidade C-terminal é hidrofílica, polar e carregada. Varia no número de moléculas de hidratos de carbono ligadas e tem apenas um grupo fosfato. Estas características tornam a K-caseína ideal para a superfície das micelas de caseína, onde é mais frequentemente encontrada. Não é suscetível de se ligar ao ião cálcio, como as outras caseínas, e quando presente na superfície das micelas, protege as outras caseínas do cálcio (McMahon e Brown 1984A; Swaisgood 1982).

1.2.Proteínas do soro

Cerca de 20% da proteína do leite é solúvel na fase aquosa do leite. Estas proteínas do soro são principalmente uma mistura de p-lactoglobulina, a-lactalbumina, albumina do soro bovino e imunoglobulinas. Cada uma dessas proteínas globulares tem um conjunto único de características como resultado de sua seqüência de aminoácidos (Swaisgood 1982). **No seu** conjunto, são mais sensíveis ao calor e menos sensíveis ao cálcio do que as caseínas (Kinsella 1984). Algumas destas características provocam grandes diferenças na suscetibilidade à desnaturação (de Wit e Klarenbeek 1984). A /3-lactoglobulina é uma proteína globular que, em condições normais de armazenamento do leite (menos de 4° C e entre pH 5 e 7), é um dímero de dois monómeros idênticos (de Wit e Karlenbeek 1984). Cerca de 47% da molécula é uma estrutura não ordenada no pH do leite fresco (Kinsella 1984). Cada monómero de 18 400 daltons tem duas pontes dissulfureto e um grupo tiol livre. Os grupos tiol, especialmente os livres, são importantes para esta discussão sobre a desnaturação devido à sua capacidade de interagir com a K-caseína e outras proteínas durante o aquecimento. Oito resíduos de cisteína da a-laetalbumina estão ligados entre si por quatro pontes de dissulfureto (de Wit e Karenbeek 1984). Com base na sua homologia com a lisozima da clara do ovo de galinha, podemos assumir com segurança que a a-lactalbumina é uma proteína globular com uma fenda semelhante à que contém o sítio ativo da lisozima. A participação da a-lactalbumina na síntese da lactose torna tentadora uma outra hipótese, mas a a-lactalbumina não funciona (como uma enzima). Actua apenas como coenzima da galactosil transferase (Swaisgood 1982). A albumina sérica tem 35 resíduos de cisteína que se encontram em 17 ligações dissulfureto intra-cadeia e um grupo sulfidrilo livre. Com exceção das imunoglobulinas, a albumina do soro é a maior proteína do leite (Walstra e Jenness 1984). As imunoglobulinas das classes IgG1, IgG2, IgA e IgM são mensuráveis no leite. A IgG tem a estrutura familiar de imunoglobulina, com duas cadeias pesadas e duas leves. A IgA é encontrada no leite como um dímero de dois complexos de IgA, ligados por uma cadeia J e uma SC. A IgM negativa é um pentâmero de complexos IgM ligados a uma cadeia (Walstra e Jenness 1984).

2. Desnaturação de proteínas mil individuais

Considerações gerais

O calor é normalmente utilizado para controlar o crescimento bacteriano, mas alguns produtos são aquecidos para remover a humidade ou para alterar a textura ou o sabor. A severidade do aquecimento varia de acordo com o produto que está a ser aquecido, e as proteínas do leite são afectadas em conformidade. Tratamentos térmicos leves (até 60°C) afetam principalmente a ligação hidrofóbica dentro e entre as proteínas. Tais efeitos são importantes nas proteínas do leite que têm grandes hidrofobias, como a P-caseína e a P-lactoglobulina (de Wit e Klarenbeek 1984; Payens e Vreeman 1982).

de Wit (1981) e de Wit e Klarenbeek (1981) analisaram o comportamento térmico das principais protoleínas do soro de leite até 150°C por calorimetria diferencial *de varrimento*. Eles observaram dois efeitos térmicos distintos. O primeiro, próximo de 70^0 C, foi atribuído à desnaturação e o segundo, próximo de 130^0 C, ao desdobramento da estrutura proteica remanescente. O desdobramento das moléculas de proteínas é um processo endotérmico que pode ser medido quantitativamente, e independentemente da agregação, como entalpia de desnaturação. A temperatura de transição aparente e a temperatura de desnaturação (temperatura de transição com os efeitos da taxa de aquecimento removidos) são também parâmetros úteis de desdobramento (de Wit e Klarenbeek 1984). A agregação é um processo separado e geralmente irreversível que se segue ao desdobramento. O desdobramento é geralmente reversível se o aquecimento for interrompido antes do início da agregação. O desdobramento e a agregação de proteínas comportam-se de forma diferente em relação ao aquecimento, pH, concentração de proteínas e concentrações de sais ou outras substâncias desnaturantes. A suscetibilidade à desnaturação é largamente determinada pelo pH, e a extensão da agregação depende mais da presença de iões de cálcio (de Wit 1981). Muitos relatórios incluem o desdobramento e a agregação como um parâmetro denominado "desnaturação".

2.1.Caseínas

A coagulação do complexo de caseína no leite iniciada pela clivagem enzimática da K-caseína foi recentemente revista (McMahon e Brown 1984B. O sistema de caseinato no leite é único entre os principais sistemas proteicos na sua capacidade de resistir a altas temperaturas. Estudos utilizando ultracentrifugação, medidas de viscosidade e cromatografia de permeação em gel mostraram que as micelas se agregam inicialmente quando aquecidas e depois se dissociam até o início da coagulação, quando ocorre uma agregação rápida e extensa (Fox 1981A). Formação de filamentos de proteínas entre as micelas de caseína após aquecimento durante 30 minutos a pH 6,8 e a 100°C. 0- As moléculas de lactoglobulina são reticuladas e ligadas à K-caseína nas superfícies das micelas por ligações dissulfureto (Creamer *et. al.*, 1978). Mesmo uma proteólise limitada da K-caseína desestabiliza as micelas (Fox e Hearn 1978C). A adição de *aS2-* caseína também reduz a estabilidade térmica das micelas de caseína (Kudo 1980B). A @-caseína é muito hidrofóbica e, por conseguinte, sensível à temperatura. A baixa temperatura ou a remoção de cálcio provoca a dissociação da 0-caseína da micela e desestabiliza a micela restante (Carpenter e Brown 1985; Dalgleish 1982). A 0-caseína solúvel pode formar agregados de até 40 monómeros quando aquecida. As porções terminais C (hidrofóbicas) dos monómeros de @-caseína aglomeram-se e as porções terminais N (hidrofílicas) estendem-se para o meio aquoso circundante (Kinsella 1984). Glicopeptídeos foram encontrados no leite a temperaturas acima de 50°C (Hindle e Wheelock 1970), e peptídeos similares aos macropeptídeos da hidrólise da quimosina (EC 3.4.23.4) são produzidos no leite aquecido a 120°C por 20 min (Alais *et. al.* 1967). Sob condições severas de pasteurização de ultra-alta temperatura (até 154^0 C por 9 segundos), a caseína é solubilizada (Morgan e Mangino 1979). Os tratamentos menos intensos (a partir de 137^0 C durante 1 segundo) provocam a precipitação das proteínas do soro com a caseína durante a centrifugação. (Lorient 1979) descobriu que as moléculas de caseína se ligavam umas às outras através de grupos amino quando o leite era aquecido a 120°C. O fosfato inorgânico é libertado quando a caseína é aquecida. A caseína desfosforilada é menos capaz de se ligar ao cálcio e é mais lábil ao calor (Howat e Wright 1934). a,- As caseínas são especialmente sensíveis à concentração de cálcio devido aos seus altos níveis de fosforilação e pequenas quantidades de estrutura secundária e terciária (Kinsella 1984). A redução do pH do leite para 4,6 solubiliza o fosfato de cálcio coloidal. Isto remove o seu efeito neutralizante, permitindo interacções electrostáticas entre micelas. Nestas condições, as micelas coagulam e precipitam da solução (Kudo 1980C) mostrou que a libertação das proteínas do soro e da K-caseína das superfícies das micelas de caseína à medida que o pH aumenta de 6,2 para 7,2 permite que as micelas se colem e precipitem da solução.

2.2.Proteínas do soro

P- Lactoglobulina Com uma temperatura de desnaturação de 780C, a 6-lactoglobulina é a menos desnaturável das proteínas séricas (Tabela 11.2). Apresenta uma segunda alteração térmica perto dos 140°C causada por uma quebra das ligações dissulfureto e um desdobramento adicional da molécula (de Wit 1981; Watanabe e Klostermeyer 1976). Uma alteração do pH entre 6 e 7,5 desloca a desnaturação entre 78" e 140 "C, sendo a desnaturação total às duas temperaturas praticamente constante. O pH 6 favorece a desnaturação a 78°C e o pH 7,5 favorece-a a 140°C (de Wit e Klarenbeek 1984). O desdobramento da P-lactoglobulina abaixo de 78°C é reversível (de Wit 1981). A /3-lactoglobulina é muito sensível ao pH. A desnaturação é mais lenta a pH 4 do que a pH 6 ou 9 (Hillier *et. al.* 1979). A calorimetria diferencial de varrimento indica que a estabilidade térmica da P-lactoglobulina diminui à medida que o pH aumenta de 3 para 7,5. Abaixo do pH 3, a 0-lactoglobulina é um monómero de 18 300 daltons (McKenzie 1971). Cada dímero de 36 000 dalton da P-lactoglobulina contém dois grupos tiol e quatro ligações dissulfureto. A diminuição da estabilidade acima de pH 6 é paralela ao aumento da atividade tiol da /3-lactoglobulina a pH elevado. Os grupos tiol não são reactivos quando a P-lactoglobulina se encontra no estado nativo, mas um aumento acentuado da atividade com o calor induz uma dissociação reversível de dímero para monómero (de Wit e Klarenbeek 1984). A p-lactoglobulina aquecida a 40°C entre pH 5 e 7 dissocia-se de dímeros para monómeros (Sawyer 1969; McKenzie 1971), que se desdobram e depois polimerizam por troca de sulfidrilo. Estes polímeros agregam-se então ainda mais (Harwalker 1980A). Creamer *et. al.* (1978) descobriram que complexos de 6-lactoglobulina se formam no leite aquecido a 100°C por 30 min a pH 6,5. O aquecimento do leite a pH 6,8 resultou em fios de 6-lactoglobulina menos compactos, semelhantes a fios, devido a cargas negativas líquidas em moléculas de proteínas individuais em pH mais alto. À medida que o pH é aumentado acima de 6,8, a capacidade dos grupos tiol livres da P-lactoglobulina de interagir com outros grupos tiol aumenta devido a uma mudança conformacional na molécula (Dunnill e Green 1966). Um aumento do pH acima de 7,5 provoca a desnaturação irreversível da 6-lactoglobulina (Kinsella 1984).

2.2.1. a-Lactalbumina.

de Wit e Klarenbeek (1984) utilizaram a calorimetria diferencial de varrimento para seguir o desdobramento das proteínas do soro de leite durante o aquecimento (Quadro 11.2). Com uma temperatura de desnaturação de 62 "C, a 0-lactalbumina é a menos estável das proteínas do soro, mas requer a maior quantidade de calor por grama para se desdobrar. A noção de longa data de que a 0-lactalbumina é a proteína do soro mais estável (de Wit 1981; Larson e Rolleri 1955) explica-se pelo facto de ser a única proteína do quadro 11.2 cuja desnaturação térmica a pH 6 é reversível. É estável contra a agregação induzida pelo calor porque renatura facilmente quando arrefecida. Ruegg *et al.* (1977) indicaram que a desnaturação da a-lactalbumina era 80 a 90% reversível. O aquecimento da a-lactalbumina provoca uma alteração conformacional reversível relacionada com quatro pares de ligações dissulfureto na molécula (Lyster 1979). A adição de p-cloromercuribenzoato (0,28 mM) ao leite desnatado antes do aquecimento reduz a taxa de desnaturação da a-lactalbumina de 25 vezes a 85°C para cerca de 3 vezes a 155°C. A remoção dos iões de cálcio torna irreversível o desdobramento da a-lactalbumina. A temperatura de desnaturação da a-lactalbumina diminuiu 20 "C quando os iões de cálcio foram removidos por um quelante (Bernal e Jelen 1984). Hillier *et. al.* (1979) verificaram que um aumento da concentração de cálcio até 0,4 mgiml retardava a desnaturação térmica da a-lactalbumina, mas o cálcio adicional tinha pouco efeito. Verifica-se uma alteração conformacional lenta a pH 4 à medida que o cálcio é libertado dos grupos carboxilo na superfície da proteína (Kronman *et. al.* 1964). A não medição do calor de desnaturação da a-lactalbumina a pH 3 mostra que a cadeia proteica já está desdobrada a pH baixo (de Wit e Klarenbeek 1984). A desnaturação da a-lactalbumina é mais lenta a pH 4 do que a pH 6 ou 9 (Hillier *et. al.* 1979), mas a 0-lactalbumina é parcialmente desnaturada a pH 4 sem aquecimento (Kronman *et. al.* 1966). A adição de NaOH ou HCI ao leite desnatado antes do aquecimento não tem efeito sobre a desnaturação da a-lactalbumina a 78" ou 100°C dentro da faixa de pH 6,2 a 6,9 (Lyster 1970). A taxa de desnaturação aumenta acima e abaixo desta faixa.

Albumina sérica. Com uma temperatura de desnaturação de 64°C, a albumina de soro bovino é desnaturada quase tão facilmente como a a-lactalbumina. Uma vez que a sua desnaturação não é tão reversível como a da a-lactalbumina, parece ser a proteína sérica mais facilmente desnaturada (de Wit e Klarenbeek 1984). Precipita entre 40 e 50°C como resultado do desdobramento dirigido pela hidrofobicidade (Lin e Koenig 1976; Macritchie 1973). Alguma albumina sérica permanece não desnaturada mesmo após um aquecimento prolongado a 65°C.

Isto pode dever-se ao facto de já estar desnaturada. Isto pode dever-se ao facto de a albumina já desnaturada ser capaz de proteger as proteínas nativas da desnaturação (Terada *et. al.* 1980). A albumina de soro bovino é desnaturada a pH 4 devido à repulsão de aminoácidos ácidos (Haurowitz 1963). Tal como acontece com a a-lactalbumina, a não medição do calor de desnaturação da albumina sérica bovina a pH 3 indica que esta já se encontra desdobrada pelo ácido (de Wit e Klarenbeek 1984). A albumina é mais estável a pH 7,5 do que a pH 6, devido ao aumento da atividade dos grupos tiol a pll elevado. A desnaturação é mais acentuada pelos iões de cálcio do que por outros aniões (Shimada e Matsushita 1981). Os ácidos gordos parecem estabilizar a albumina de soro bovino contra a desnaturação pelo calor (Gumpen *et. al.* 1979). Imunoglobulinas. As imunoglobulinas no leite são muito lábeis ao calor, especialmente abaixo de pH 6 (de Wit e Klarenbeek 1984). Mas elas têm outras características que as tornam interessantes. A IgM, a menos que seja desnaturada pelo calor, actua como uma aglutinina específica contra algumas estirpes de estreptococos (Mulder e Walstra 1974). A IgM é um componente de uma crioglobulina no leite que causa a aglutinação a frio da gordura do leite e a fixação de bactérias nos glóbulos de gordura do leite (Walstra e Jenness 1984)

3. Interacções entre a caseína e as proteínas do soro

A desnaturação térmica da p-lactoglobulina é acompanhada por alterações nas propriedades da K-caseína (Zittle *et. al.* 1962). A K-caseína e a P-lactoglobulina interagem através de ligações dissulfureto quando aquecidas em conjunto ou quando a K-caseína é adicionada à P-lactoglobulina (Morr 1965; Morr *et. al.* 1962; Sawyer 1969). Esta interação ocorre num intervalo de pH estreito de 6,7 a 7,0, com o ótimo a pH 6,8 (de Wit 1981) e a 85" a 90°C (Smits e Brouwershaven 1980). A formação de complexos de K-caseína e 0-lactoglobulina diminui com a diminuição da força iónica e com o aumento do pH de 6,8 para 7,3 (Smits e Brouwershaven 1980). A formação de complexos é favorecida pelos sais de cálcio. Os tratamentos térmicos mais severos aumentam a sensibilidade das proteínas do soro aos iões de cálcio. Estas variáveis implicam interacções iónicas, juntamente com trocas de dissulfureto e interacções hidrofóbicas, na formação de complexos de K-caseína e P-lactoglobulina no leite aquecido. Dziuba (1979) relatou que nem os grupos tiol da caseína nem os grupos amino desempenham um papel na interação entre a P-lactoglobulina e a caseína micelar. A sua conclusão foi que a maior parte da interação era hidrofóbica. Foi referido que a asz-caseína forma pontes de dissulfureto quando aquecida com a P-lactoglobulina e pode interferir com a capacidade da K-caseína para se ligar à P-lactoglobulina (Kinsella 1984; Kudo 1980B). Farah (1979) observou que a quantidade total de proteínas do soro de leite ligadas à caseína aumenta à medida que o tratamento térmico é intensificado, mas que a proporção de proteínas do soro de leite ligadas permanece constante. A interação direta entre a a-lactalbumina e a K-caseína quando aquecida é limitada, se é que ocorre (Hartman e Swanson 1965), mas o complexo formado entre a a-lactalbumina e a P-lactoglobulina é capaz de interagir com a K-caseína (Elfagm e Wheelock 1977; Hunziker e Tarassuk 1965). O grau de desnaturação da a-lactalbumina é maior quando aquecida com a P-lactalbumina do que quando aquecida isoladamente. Este efeito aumenta à medida que o pH aumenta de 6,4 para 7,2 e é mais pronunciado a temperaturas entre 70" e 85°C. O grau de desnaturação da P-lactoglobulina não é afetado pela presença de a-lactalbumina, mas a presença de caseína facilita a formação de complexos de a-lactalbumina e 6-lactoglobulina (Elfagm e Wheelock 1978A,B). A interação direta entre a P-lactoglobulina e a K-caseína é reduzida na presença de a-lactalbumina (Baer *et. al.* 1976; Elfagm e Wheelcock 1977, 1978B). A K-caseína também se complexa com a asl-caseína e a /3-caseína (Doi *et. al.* 1979), o que pode interferir com outros complexos de K-caseína. A maioria dos modelos actuais coloca a K-caseína na superfície externa da micela de caseína (Heth e Swaisgood 1982; McMahon e Brown 1984A; Shahani 1974). Isto permite a possibilidade de que a coagulação do leite induzida pelo calor seja o resultado da interação das proteínas do soro com a K-caseína na superfície da micela e entre si para interligar as micelas. A observação de que a quimosina não pode libertar macropeptídeos da K-caseína no leite aquecido (Morrissey 1969; Shalabi e Wheelock 1976, 1977) sugere que a K-caseína é fisicamente inacessível à enzima. Esta teoria é também apoiada por Creamer *et. al.* (1978), que, com um microscópio eletrónico, observaram complexos proteicos formados pelo aquecimento do leite desnatado a 100°C durante 30 minutos. Estes complexos são grandes, contendo centenas de moléculas proteicas individuais ligadas a micelas de caseína. A níveis de pH mais elevados, os complexos alteram-se, tornando-se mais filamentosos e associando-se menos às micelas.

4. Ingrediente de proteínas lácteas

Os ingredientes proteicos lácteos são utilizados em sistemas alimentares porque conferem propriedades sensoriais, propriedades físicas e/ou características nutricionais necessárias de uma forma conveniente, saudável e económica. Estes atributos chave, que são disponibilizados numa vasta gama de ingredientes lácteos, tornam-nos desejáveis para os formuladores de alimentos. Os ingredientes de proteína do leite fornecem não apenas nutrição, mas também funcionalidade tecnológica específica quando aplicados em formulações de alimentos. Os ingredientes proteicos do leite são ingredientes alimentares naturais e fiáveis, e são ideais para aplicações nutricionais e funcionais únicas (Huffman *et. al.* , 1999). As proteínas são ingredientes vitais, uma vez que fornecem todos os aminoácidos essenciais necessários à saúde humana, combinados com uma vasta gama de propriedades funcionais dinâmicas, tais como a capacidade de formar estruturas em rede e estabilizar emulsões e espumas. As proteínas do leite têm excelentes propriedades funcionais e valor nutricional, e algumas têm propriedades fisiológicas distintas, que são amplamente exploradas na indústria alimentar. Os avanços na indústria dos lacticínios, como a ultrafiltração (UF), a microfiltração (MF), a nanofiltração (NF) e a permuta iónica (IE), provocaram mudanças radicais no processamento comercial dos ingredientes lácteos, especialmente dos ingredientes proteicos. Os pós em que tanto a caseína como as proteínas do soro de leite estão presentes em concentrações elevadas seriam particularmente valiosos como ingredientes em alimentos lácteos e não lácteos, uma vez que as características únicas de ambas as proteínas seriam aproveitadas (Mistry 2002).

Proteína do leite Concentração/Isolado

Concentrado/Isolado de proteína de soro de leite

Concentrado de caseína micelar

Co-precipitado

Caseinato

5. Ingrediente proteico nativo

5.1.Concentrado de proteínas leves (MPC)

A MPC é um produto rico em proteínas de origem láctea com um teor proteico superior a 42% (dmb). O rácio entre a caseína e a proteína do soro de leite é semelhante ao do leite desnatado original (IDF 2001). O valor da pontuação de aminoácidos corrigida pela digestibilidade da proteína para MPC demonstrou ser 121, o que é muito mais elevado em comparação com as proteínas do ovo, da carne de vaca, da soja e do trigo, que têm pontuações de 118, 92, 91 e 42, respetivamente (Schaafsma 2000). Em 2014, o American Dairy Products Institutes (ADPI) e o United States Dairy Export Council (USDEC) apresentaram uma notificação GRAS para MPCs para uso como ingredientes alimentares para fins funcionais ou nutricionais em múltiplas aplicações alimentares. A composição de vários PPM é apresentada no quadro 1. Pode ver-se no quadro 1 que o teor de lactose nos PPM varia consoante a concentração de proteínas.

Kester e Richardon (1984) referiram que a MPC rica em proteínas tem uma menor solubilidade, que pode ser melhorada pela adição de sais monovalentes como o NaCl e o KCl. A acilação de resíduos de aminoácidos com anidrido succínico também foi utilizada com êxito para melhorar as propriedades funcionais da proteína. Mistry (2002) desenvolveu um procedimento para a produção de MPC/alta proteína do leite em pó utilizando tecnologia de membrana. Neste método, o leite desnatado, que foi pasteurizado a 72°C durante 15s, foi submetido a ultrafiltração sem ajuste de pH a temperaturas relativamente baixas, entre 32 e 38 C. Foi utilizada uma unidade de planta-piloto de UF em espiral Abcor modelo 1/1. A área de superfície da membrana era de 5,6 m2 e a composição do retentado da UF era de: TS 20,90%; proteína total 15,16%; gordura do leite 0,39%; lactose 3,81% e cinzas 1,71%. O retentado foi ainda diafiltrado e a composição do retentado diafiltrado foi de: TS 21,57%; proteína total 18,90%; gordura láctea 0,50%; lactose 0,08% e cinzas 1,67%. Durante a ultrafiltração, a taxa de fluxo caiu de um valor inicial de 31,15 para 19,28 l-m-2-b-1 quando a concentração volumétrica era de 5:1 (15,16% de proteína). Quando se iniciou a diafiltração, parte do fluxo foi recuperado (26,47 l-m-2-h-1) e houve uma ligeira queda durante a diafiltração para 6:1 (19,28 l-m-2-h-1). O retentado diafiltrado foi seco por pulverização em condições suaves, utilizando uma temperatura do ar de entrada que variava entre 120 e 125°C e a temperatura do ar de saída foi mantida entre 75 e 80°C. As condições de temperatura moderada utilizadas para a secagem por pulverização destinavam-se a reduzir a desnaturação das proteínas do soro de leite durante a secagem por pulverização, com o objetivo de as manter intactas mesmo após a secagem por pulverização. Para melhorar a eficiência da secagem, o retentado diafiltrado pode ser evaporado no vácuo para um nível mais elevado de sólidos. A composição do produto resultante foi: humidade 5,33%; proteína total 88,0%; gordura 2,27%; lactose 0,74% e cinzas 7,05%.

Diagrama de fluxo para o fabrico de MPCs

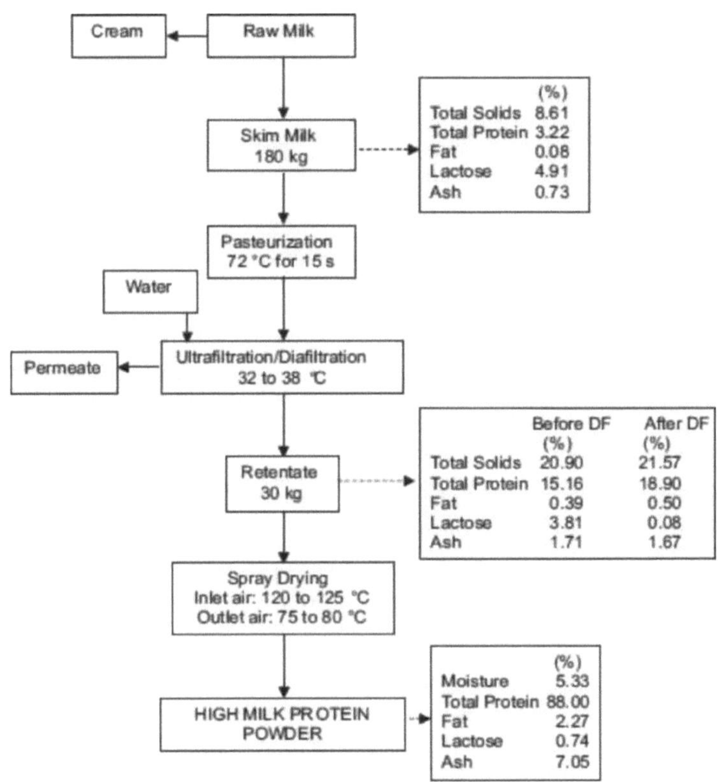

Propriedade funcional dos MPCs

As MPC podem ser utilizadas para estabilizar emulsões do tipo óleo em água. Euston e Hirst (1991) relataram que as emulsões feitas com MPC 85 eram mais estáveis à formação de cremes do que as feitas com caseinatos de sódio. Este fenómeno foi atribuído ao facto de os agregados proteicos de grandes dimensões causarem um elevado grau de floculação por depleção.

As emulsões formadas com MPCs de baixo teor de cálcio eram mais finas e a concentração total de proteínas na superfície era menor em comparação com as emulsões obtidas com caseinatos de sódio (Ye 2011). As MPCs têm um bom potencial para melhorar o prazo de validade e a estabilidade das bebidas fortificadas com proteínas devido à sua boa estabilidade térmica. As MPCs também são adequadas para versões com baixo teor de gordura dessas bebidas, uma vez que têm uma sensação na boca comparável à das bebidas que contêm leite integral. As MPC podem também ser utilizadas como ingrediente em alimentos processados por retorta, incluindo sopas fortificadas com proteínas, molhos e refeições prontas a consumir, uma vez que possuem boas propriedades funcionais, tais como estabilidade térmica, viscosidade e propriedades de ligação à água. Apresenta também uma excelente molhabilidade e dispersibilidade. Uma vez que é uma proteína de digestão lenta, mantém os níveis de aminoácidos elevados durante várias horas em misturas de bebidas secas. Após exercício prolongado, permite ao corpo reparar e construir tecidos musculares. Devido às suas excelentes propriedades funcionais, também encontra aplicação em vários produtos alimentares, tais como produtos de cultura, produtos nutricionais e dietéticos, sobremesas congeladas, queijos recombinados, bebidas nutricionais, padaria e confeitaria, barras de proteínas, produtos de cuidados para idosos, fórmulas para bebés, etc. (Caro *et. al.* 2011).

Aplicação de PPM

A MPC melhora a capacidade da matriz de caseína de reter mais gordura no queijo Cheddar (Guinee *et. al.* 2007). A padronização do leite de queijo usando MPC dá maior recuperação dos sólidos totais do leite, humidade e proteínas no queijo MPC que aumentou o rendimento do queijo de 13,8% para 16,7% (Caro *et. al.* 2011). A MPC no queijo Cheddar com teor reduzido de gordura melhora a recuperação do total, duplica o rendimento e também contribui para resultados menos caldosos e amargos. Durante o fabrico de Mozzarella parcialmente magra de baixa humidade feita por acidificação direta, a redução do pH de ajuste do leite gordo padronizado com MPC-64 para pH 5,6 a 5,8 melhora a derretibilidade e produz um queijo mais macio (Rehman *et. al.* 2003).

A MPC é o ingrediente adequado para a produção de sorvete com teor reduzido de lactose. O gelado tem as mesmas propriedades físicas quando formulado numa base de proteína constante com até 50% de substituição da proteína fornecida pelo leite em pó desnatado (Alvarez *et. al.* 2005). Para aumentar a proteína, melhorar a textura, minimizar a separação do soro e melhorar a estabilidade do iogurte, os MPCs podem ser usados eficientemente como alternativas ao leite em pó desnatado (Harvey 2006). Para o creme de café, o aumento do teor de proteína do leite pela incorporação de MPC até 2 a 6 g/kg é suficiente para reduzir o risco de separação do creme. Não se recomenda a substituição completa da carragenina por MPC no creme de leite, mas recomenda-se a utilização de uma combinação de carragenina e MPC para obter resultados óptimos (Castro-Morel e Harper 2002).

5.1.1. Substituição do leite

A MPC pode ser usada como um substituto para o WMP e SMP numa base equivalente de proteína ou sólidos do leite sem gordura, ajudando a formular produtos com maior proteína e baixa lactose e perfil mineral similar ao do leite. Leites fermentados sem lactose também podem ser produzidos usando MPC (Szigeti e outros 2006).

5.1.2. Leite de queijo e queijo fundido

As MPC têm sido usadas para padronizar o leite para fazer queijo sem um padrão de identidade, como o queijo para pizza ou certos queijos de estilo mexicano. Os pesquisadores também estudaram o uso de MPC na fabricação de mozzarella (Harvey 2006; Agrwal *et. al.* 2015), feta (Kuo e Harper 2003; Harvey 2006), Gouda (Mistry e Pulgar 1996) e queijos Cheddar (Rehman e outros 2003; Harvey 2006). O leite de queijo padronizado por MPCs ou leite ultrafiltrado oferece aos processadores de queijo uma oportunidade de produzir queijo consistente ao longo do ano (Rehman *et. al.* 2003). Caro *et. al.* (2011) estudaram o efeito da adição de leite desnatado ou de um MPC comercial ao leite integral na composição, rendimento e propriedades funcionais do queijo oaxaca mexicano e descobriram que a matéria seca real e o rendimento do queijo ajustado à humidade diminuíram significativamente com a adição de MPS, mas aumentaram com a adição de MPC. A possível razão para o aumento do rendimento em matéria seca nos queijos que utilizam a adição de MPC em comparação com a adição de SMP pode ser a menor perda de minerais, tais como fosfatos de cálcio da matriz de caseína; isto também explica as razões pelas quais os queijos feitos com fortificação de MPC ou leite desnatado UF têm uma matriz coalhada (Guinee *et. al.* ,., 1994). Francolino e outros 3(2010) também descobriram que a padronização do leite de queijo com MPC aumentou o rendimento do queijo de 13,8% para 16,7% devido à maior recuperação de sólidos totais do leite e proteínas no queijo MPC e devido à humidade ligeiramente superior do queijo. Também foi relatado que o aumento do teor de proteínas do leite diminui a relação gordura/proteína e elimina a necessidade de separação da nata. Esta prática melhora a capacidade da matriz de caseína para reter mais gordura, e também causa maiores recuperações de gordura para o queijo Cheddar quando a relação gordura-proteína é optimizada (Guinee *et. al.* ,., 2006). A aplicação de MPC em produtos de queijo inclui queijos não padronizados, como queijo de padaria, ricota, feta e queijos hispânicos, queijo processado e produtos de queijo e outros queijos frescos. No entanto, as MPC não são permitidas como ingrediente em queijo com um padrão de identidade federal dos EUA (por exemplo, Cheddar e outros).

5.1.3. Gelado/iogurte congelado

Para misturas de sorvete, foi demonstrado que os ingredientes tradicionais do leite desnatado podem ser prontamente substituídos, em uma base de proteína semelhante, usando MPC56 ou MPC80 sem comprometer as propriedades físicas desejáveis da mistura de sorvete (Alvarez *et. al.* ,., 2005), o que sugere que o MPC é um ingrediente adequado para a produção de sorvete com lactose reduzida. Com o crescimento do mercado de alta proteína, os processadores têm procurado aumentar o teor de proteína de muitos produtos, incluindo o sorvete. Para além disso, o crescimento do iogurte grego fez com que a mudança lateral para o iogurte grego congelado fosse uma escolha óbvia. Ambas as aplicações precisam de aumentar a proteína sem aumentar significativamente a lactose ou o resultado pode resultar em defeitos de qualidade, tais como a areia, devido à cristalização da lactose (Patel e outros 2006).

5.1.4. Produtos lácteos de cultura

Foi demonstrado que os MPCs podem ser usados como substitutos de ingredientes tradicionais do leite desnatado, como o NFDM, e são geralmente adicionados para aumentar o teor de proteína e melhorar a textura, minimizar a separação do soro e melhorar a estabilidade do iogurte (De Castro-Morel e Harper 2002). A substituição de NFDM por MPC não teve efeito negativo sobre as propriedades texturais desejáveis do iogurte (Mistry e Hassan 1992; Guzm'an-Gonz'ales e outros 1999). A fortificação proteica é uma das abordagens para fazer iogurte de estilo grego com alto teor de proteína sem a produção de soro ácido. Os processadores têm utilizado com sucesso os MPCs para fortificar a proteína e alcançar a textura desejável para iogurtes de estilo grego de alta proteína. O iogurte grego e o iogurte à grega nos EUA continuam a ganhar volume com um crescimento da categoria superior a 10% e com uma quota de volume superior a 35% das vendas de iogurte a retalho em 2014 (IRI 2014). O iogurte grego não está vinculado a um padrão de identidade neste momento, exceto como iogurte e a utilização de MPC na produção de iogurte é bem aceite.

5.1.5. Bebidas ricas em proteínas

O MPC e o MPI podem fornecer um aumento de proteína necessário para atender às alegações de conteúdo de nutrientes, como "excelentes" ou "boas fontes de proteína", além de fornecer sabor leitoso e opacidade aos produtos. Os MPCs são normalmente usados em bebidas de pH neutro, mas em combinação com certos sistemas estabilizadores, podem ser facilmente usados para fortificar a proteína em smoothies e bebidas com culturas. As caseínas nos MPCs tendem a precipitar perto do ponto isoelétrico da caseína (pH 4,6) ou a proteína tornar-se-á extremamente viscosa, particularmente se o produto for armazenado durante muito tempo.

Os fabricantes têm conseguido ultrapassar alguns dos desafios acima referidos com a utilização de certos polissacáridos, como a pectina e a goma de celulose, e etapas de processamento, como a homogeneização para obter uma suspensão estável (Jurlina 2014). A investigação atual continua a desenvolver sistemas de viscosidade mais baixa e, muitas vezes, as combinações com WPCs fornecem os requisitos nutricionais de proteínas e minerais necessários e os requisitos de validade.

5.1.6. Sistemas de emulsão: pastas para barrar com baixo teor de gordura, sopas, molhos para salada

Os MPCs oferecem aos formuladores de alimentos e bebidas uma oportunidade única de desenvolver sistemas de emulsão com baixo teor de gordura, especialmente quando se deseja cremosidade e opacidade sem a necessidade de amidos e gomas, como pastas de barrar com baixo teor de gordura, sopas e molhos para salada (Dybowska 2001). Além disso, os formuladores de alimentos podem formular produtos para atender às necessidades de produtos com alto teor de proteína (Mintel 2013).

Quadro 1 Composição de vários PPM

MPC	Humidade	Gordura	Proteína	Lactose	Cinzas
MPC 50	3.6	1.0	49.8	35.8	7.74
MPC 75	5.0	1.5	75	10.9	7.6
MPC 85	4.9	1.8	85	1.0	7.1

(Fonte: Crowley *et. al.* 2014)

Quadro 2 Aplicação e propriedade funcional e aplicação da MPC

Product category	Functional properties	Key benefits
Performance and nutritional beverages, meal replacement beverages	Heat stability, flavor, color	Protein, low/no lactose, flavor
Yogurt/ fermented dairy products	Gelation, water binding, viscosity, thickening	Texture, protein, stability
Desserts, baked goods, toppings, low-fat spreads, dairy-based dry mixes	Gelation, water binding, viscosity, emulsification, thickening, foaming and whipping	Flavor, emulsification, foaming,
Soups, sauces, salad dressing	Emulsification, water binding, thickening and viscosity	Emulsification, flavor, protein fortification
Geriatric nutrition, medical and clinical nutrition products	Viscosity, heat stability	Protein, flavor, low/no lactose, opacity
Ice cream/frozen desserts	Foaming and whipping, viscosity, water binding, emulsification	Protein, emulsification, stability
Follow-up formula, Growing-up milks	Heat stability, flavor and color	Protein, flavor
Low-lactose products and beverages	Heat stability, flavor and color	Protein, low/no lactose, opacity, flavor
Cheese: Processed, cream and fresh	Gelation, emulsification	Milk solids, emulsification, texture
Nutrition bars	Water binding, foaming and whipping	Protein, Texture
SMP and NFDM replacement in various food formulations	Water binding, thickening, viscosity, emulsification, color and flavor	Milk solids alternative, reduced lactose
Standardization of protein content in cheese milk, cheese milk extension	Gelation	Protein, Yield, Consistency
Weight management food and beverages	Heat stability, water binding viscosity and flavor	Protein, flavor

5.2.Isolados proteicos ligeiros (MPI)

De acordo com o USDEC (2016), os MPI devem conter um mínimo de 90% de proteínas. A MPI contém tanto a caseína como as proteínas do soro de leite nas suas proporções originais encontradas no leite, sem combinar caseína produzida separadamente (caseinato) e proteínas do soro de leite. O método para a produção de isolados de proteínas do leite é descrito por Mistry (2002). O método é semelhante ao método descrito acima para a produção de concentrado de proteínas do leite. No entanto, na produção de MPI obtém-se uma maior pureza da proteína através de um maior número de operações de diafiltração. As aplicações da MPI são semelhantes às aplicações da MPC acima descritas. Uma vez que a MPI tem uma composição de aminoácidos muito elevada, é ideal para utilização em barras ricas em proteínas e em pó substituto de refeição.

5.3.Concentrado de caseína micelar (MCC)

A MCC proporciona benefícios nutricionais notáveis e é uma excelente fonte de todos os aminoácidos essenciais e de cálcio. Difere da MPC e da MPI pelo facto de conter caseína como a principal proteína. Para além dos benefícios nutricionais, oferece um benefício funcional único para aplicação em bebidas de retorta e na produção de queijo (Sauer et. al. 2012). Vários estudos avaliaram a utilização de retentados de microfiltração (MCC líquida) no fabrico de diferentes tipos de queijos (Rizvi e Brandsma 2002; Neocleous et. al. 2002; Papdatos et. al. 2003; Govindasamy-Lucey et. al. 2007). A MCC tem uma elevada molhabilidade, dispersibilidade, estabilidade térmica e solubilidade, espuma e viscosidade médias e um baixo nível de capacidade de emulsão. Esse novo ingrediente oferece novas alternativas ao leite seco desnatado para a padronização do leite na fabricação de queijos ou em outras aplicações de bebidas nutricionais. A temperaturas inferiores a 22°C (72°F), solidifica-se. Durante o armazenamento (a temperaturas inferiores a 22°C), o concentrado de caseína forma um gel que é reversível a temperaturas superiores a 22°C (72°F), o que resulta num aumento do prazo de validade a temperaturas refrigeradas (Amelia e Barbano 2013). A Tabela 2 mostra a composição da MCC e de outras proteínas lácteas em pó. A MCC, na qual ~95% da proteína de soro de leite foi removida, tem aproximadamente 84% de proteína (dos quais 80,5% eram caseína e 3,7% eram proteína de soro de leite); 2,7% de gordura e 3,7% de lactose em base seca (Sauer et. al. 2012). Zulewska et. al. (2009) padronizaram um método para a produção de MCC. De acordo com o método, o leite cru foi separado a 4 C. O leite desnatado resultante foi pasteurizado a 72°C por 16 s, dividido em 3 lotes e microfiltrado a 50°C em um processo contínuo de sangria e alimentação 3 usando pressão transmembrana uniforme (UTP) de cerâmica em escala piloto (0.1 iim, fluxo de 54,08 kg/m2h), membranas cerâmicas de permeabilidade graduada (GP) (0,1 iim, fluxo de 71,29 kg/m2h) e membranas poliméricas de enrolamento em espiral (SW) (0,3 iim, fluxo de 16,21 kg/m2h). As diferenças de fluxo entre as membranas influenciariam a quantidade de área de superfície da membrana necessária para processar um determinado volume de leite num determinado tempo. Verificou-se que os teores de proteína verdadeira dos permeados de MF das membranas UTP (0,57%) e GP (0,56%) eram mais elevados do que os das membranas SW (0,38%). A eficiência da remoção de proteínas séricas num processo contínuo de sangria e alimentação a 50°C foi de 64,40% para UTP, 61,04% para GP e 38,62% para membranas de microfiltração SW. As membranas poliméricas SW apresentaram uma rejeição muito maior das proteínas séricas. Os autores relataram que, para a produção de MCC com uma remoção de 60-65% de proteínas séricas, são necessárias apenas membranas cerâmicas de estágio único ou estágios múltiplos e diafiltração com membranas em espiral. Beckman et. al. (2010) desenvolveram um método para a produção de CCM com redução da proteína do soro. Obtiveram uma porção rica em caseína micelar no retentado e uma fração rica em proteínas séricas no permeado. O leite desnatado foi pasteurizado a 79°C por 18 s e microfiltrado (processo de 3 estágios, usando dois estágios de diafiltração) a 50°C (3 x concentração) usando uma membrana em espiral de fluoreto de polivinilideno de 0,3 inn, sangria e alimentação, onde o retentado foi diluído 1:2 com água de osmose reversa. Teoricamente, até 68% do teor de proteínas do soro do leite desnatado poderia ser removido utilizando uma única fase de 3x MF. Duas fases subsequentes de diafiltração foram capazes de remover mais 22% e 7% da proteína do soro, respetivamente, resultando numa remoção total da proteína do soro de 97%. Observaram que a utilização de uma membrana MF de cerâmica de pressão transmembranar uniforme com poros de 0,1 um após um processo de MF de três fases com diafiltração resultaria numa remoção das proteínas do soro superior a 95%. O leite desnatado, quando sujeito a MF com duas fases de diafiltração a 50°C, utilizando uma membrana polimérica em espiral de fluoreto de polivinilideno de 0,3 um, produziu uma redução total de proteínas séricas de apenas 70,3% (fase 1: 38,6%, 2: 20,8% e 3: 10,9%). Verificou-se que a MF em espiral é menos eficiente na remoção de proteínas séricas do que o sistema de pressão transmembranar uniforme de cerâmica. A taxa de remoção de proteínas séricas para a membrana MF polimérica enrolada em espiral foi mais baixa nas três fases de processamento (fase 1: 0,05 kg/m2h, 2: 0,04 kg/m2h e 3: 0,03 kg/m2h) do que a da membrana MF cerâmica comparável com pressão transmembrana uniforme (fase 1: 0,30 kg/m2h, 2: 011 kg/m2h e 3: 0,06 kg/m2h). Os autores referiram que são necessárias mais de oito fases para remover mais de 95% de proteínas séricas da membrana MF enrolada em espiral. A MCC seria uma boa escolha para bebidas nutricionais UHT de pH neutro ou processadas por retorta devido à sua alta estabilidade térmica (Sauer e Moraru 2012; Beliciu et. al. 2012). A padronização do leite para queijo é comum e normalmente é feita para melhorar o rendimento e produzir queijo com uma composição consistente. A MCC melhora o rendimento e produz queijo com uma composição consistente (Caron et. al. 1997).

Quadro 2 Composição da MCC em comparação com outros pós ricos em proteínas lácteas (%)

Ingrediente	MCC 83	MPC 85	Caseína ácida	Caseinato de cálcio	Caseinato de sódio
Proteína	83	85	85.4	91.2	92.7
Lactose	1	1	0.5	0.7	0.3
Gordura	1	1.8	1.0	1.5	0.7
Cinzas	7.8	7.8	2.4	3.8	3.0
Cálcio	2.3	2.1	0.03	1.80	0.03
Fósforo	1.5	1.4	1.25	1.1	1.23
Sódio	<0.05	<0.05	<0.05	<0.05	1.5
Humidade	5.0	5.0	10.0	5.0	4.3

Fonte: Crowley *et. al.* (2014)

5.4.Isolados de caseína do leite/ Isolados de caseína solúvel

Os isolados de caseína solúveis têm excelentes capacidades de coagulação do coalho e formam géis mais fortes a pH ácido (Famelart et. al. 1996). Um método foi descrito por Yanji et. al. (2015) para a preparação de isolados de caseína solúveis. Neste método, deve ser efectuada uma acidificação suficiente do leite desnatado pasteurizado para solubilizar o fosfato de cálcio coloidal (CCP) e evitar a agregação das caseínas. Para evitar a agregação das caseínas, o intervalo crítico de pH foi mantido entre 5,2 e 5,5. Foi fundamental manter uma gama estreita de pH (5,2 a 5,5) porque um pH inferior a 5,2 induziria a precipitação da caseína, enquanto um pH superior a 5,5 reduziria a solubilidade do cálcio, resultando numa menor retenção da caseína durante a microfiltração. O leite desnatado acidificado foi submetido a microfiltração com diafiltração à temperatura ambiente para remover as proteínas do soro, a lactose e os minerais solúveis. A acidificação da água de diafiltração ajudou a manter o pH alvo estreito, o que facilitou a depleção de cálcio e a retenção de caseína. O retentado, rico em caseína solúvel, foi neutralizado com NaOH concentrado de qualidade alimentar e posteriormente evaporado a vácuo e seco por pulverização para obter isolados de caseína solúvel. A composição dos isolados de caseína solúvel é definida ao abrigo da norma do Codex para produtos de caseína comestíveis, como se mostra no Quadro 3.

Quadro 3 Composição dos isolados de caseína solúvel (%)

Componentes	Isolado de caseína solúvel	Norma do Codex para caseína alimentar
Proteína na MS (%)	93.30	>88.0
Caseína como proteína do leite	97.00	>95.0
Humidade	6.25	<8.0
Gordura	1.60	<2.0
Lactose	0.37	<1.0
Cinzas	4.11	-
Solução pH(10%)	7.29	<8.0

5.6.1 P-caseína

O interesse crescente na P-caseína está relacionado com a presença na sua sequência de péptidos com actividades biológicas, nomeadamente morfinomiméticas, cardiovasculares e imunoestimulantes. Pensa-se que os péptidos obtidos a partir de péptidos de P-caseína estão envolvidos na melhoria da biodisponibilidade de oligoelementos, não só para os jovens, mas também para adultos e mulheres grávidas (Beckman et. al. 2010). A P-caseína, presente no leite de vaca a 1% de concentração, é a mais tensoactiva de todas as proteínas do leite e tem sido utilizada na produção de fórmulas para lactentes. Pode ser um substituto adequado para o caseinato de sódio em muitas formulações alimentares, devido às suas boas propriedades de emulsificação e formação de espuma (O'Mahoney et. al. 2007). O'Mahoney et. al. (2007) patentearam um método para a separação da P-caseína do leite. O processo usa leite desnatado resfriado a 1 a 2°C (34 a 36°F), o que melhora a separação da P-caseína e produz um produto de P-caseína pura, um ingrediente de caseína concentrada e um ingrediente de proteína MDW. Neste processo, o leite desnatado é microfiltrado utilizando uma membrana de fluoreto de polivinilideno enrolada em espiral de 0,5 inn a uma pressão transmembrana de 150 kPa. O retentado é microfiltrado e diafiltrado utilizando os mesmos parâmetros de funcionamento e o permeado de leite desnatado UF (membrana de polietersulfona de duas fases, corte de peso molecular de 10 kDa e uma pressão transmembranar de 280 kPa) é utilizado como diluente para a diafiltração. O permeado obtido da segunda filtração será misturado com o permeado composto e este permeado será ultrafiltrado e diafiltrado. O permeado concentrado e desmineralizado é então aquecido a 25°C durante 5 h e microfiltrado e diafiltrado e o retentado assim obtido é submetido a secagem por pulverização. O produto seco por pulverização, designado por isolado proteico de soro de leite enriquecido com P-caseína, contém ~85% de proteína. A P-caseína removida do leite desnatado foi de 9,41 ± 0,54% do leite desnatado original utilizando uma membrana de fluoreto de polivinilideno. A P-caseína tem boas propriedades gelificantes e pode ser utilizada no iogurte, evitando a separação do soro de leite e desenvolvendo um corpo e uma textura desejáveis para o iogurte (O'Mahoney et. al. 2007).

5.7 . Concentrado de proteínas de soro de leite derivadas do leite (MD-WPC)

As MD-WPC são proteínas de soro de leite nativas diretamente separadas do leite fresco desnatado. O MD-WPC tem sido amplamente utilizado em fórmulas para lactentes como fonte de proteína porque não contém glicomacropéptido, que também não está presente no leite humano. A principal diferença entre os concentrados proteicos de soro de leite derivados do queijo (CD-WPC) e os concentrados proteicos de soro de leite derivados do leite (MD-WPC) reside no seu teor de gordura. Esta diferença no teor de gordura leva a uma diferença na sua funcionalidade, sabor e aparência (Beliciu et. al. 2008). O processo de microfiltração produz um MD-WPC com menos de 0,3% de gordura, mesmo após concentração adicional para 80% de proteína, enquanto o CD-WPC tem 6 a 7% de gordura (Evans et. al. 2009; Evans et. al. 2010). O MD-WPC tem maior capacidade de formação de espuma, força de gel, solubilidade e capacidade de emulsificação do que o CD-WPC (Britten e Pouliot 1996; Beliciu et. al. 2008). A composição proteica da proteína de soro derivada do leite difere do soro de queijo porque não contém glicomacropeptídeo que é clivado da K-caseína através da ação da quimosina no fabrico de queijo (Beliciu et. al. 2008). Evans et. al. (2010) identificaram três compostos mais prevalentes no MD-WPC e dois compostos que não foram detectados em 80% do MD-WPC em comparação com um CDWPC à escala piloto. Estes compostos estão associados aos sabores verde (hexanal), fumado (2-metoxi-fenol) e pepino (E-2-nonenal). Os compostos não detectados no CD-WPC à escala-piloto foram o alho (thenylthiol) e o queimado (4,5- dimethyl thiazole). Sugeriu-se que os compostos presentes no MD-WPC eram devidos aos múltiplos passos de filtração a 50°C (122°F). O MD-WPC tem um aspeto límpido em solução devido ao seu baixo teor de gordura, enquanto que o CD-WPC tem um aspeto muito leitoso e turvo. O aspeto límpido permite que a MD-WPC, com qualquer nível de proteína, seja utilizada em aplicações de bebidas límpidas. Hurt et. al. (2010) compararam diferentes condições de filtração para a remoção de proteínas do soro. As três membranas diferentes são um sistema de sangria e alimentação contínua de 3 estágios, um sistema de pressão transmembrana uniforme (UTP) de 3 estágios com membranas cerâmicas de 0,1 io e o leite desnatado pasteurizado foi pasteurizado a 50°C com 2 estágios de diafiltração de água. Primeiro, o leite desnatado foi pasteurizado a 72°C durante 16s e processado em 3 sistemas UTP MF. O retentado da fase 1 foi arrefecido abaixo dos 4°C e armazenado até ao dia seguinte de processamento, altura em que foi diluído com água de osmose inversa até uma concentração de 1 x e novamente processado através do sistema MF (fase 2) até uma concentração de 3x. O retentado da fase 2 foi armazenado a uma temperatura inferior a 4°C e, no dia seguinte de processamento, foi diluído com água de osmose inversa até uma concentração de 1x, antes de passar pelo sistema MF a 3x, num total de 3 fases. Teoricamente, o processo de MF de 3 fases e 3x poderia remover 97% das proteínas séricas do leite desnatado, com uma remoção cumulativa de proteínas séricas da primeira fase de 68 e da segunda fase de 90%. O sistema UTP de 3 fases, processo de 3x MF com membranas cerâmicas de 0,1-im foi capaz de remover a proteína do soro na primeira fase 64,8 ± 0,8, na segunda fase 87,8 ± 1,6 e na terceira fase 98,3 ± 2,3%. Foi demonstrado que a MD- WPC produz uma bebida clara e altamente ácida (pH 3,4) que tem uma estabilidade térmica e clareza semelhantes a um isolado de proteína de soro de leite comercial (WPI) (Burrington 2010).

Aplicação de WPCs MD derivados do leite

Duas águas com sabor a framboesa e enriquecidas com proteínas foram produzidas utilizando 2% de proteína (uma suplementada com WPI e a outra suplementada com MD-WPC 80) num intervalo de pH de 3,4 a 3,5. Os produtos foram processados a quente num HTST a 88°C

(190°F) durante 30 s, arrefecidos e engarrafados. Os estudos de conservação até 39 semanas a temperaturas de 20°C, 30°C e 40°C em ambas as bebidas foram medidos em intervalos de tempo específicos. Durante o período de conservação às três temperaturas estudadas, não se observou qualquer alteração significativa (P<0,05) do pH, da viscosidade ou da solubilidade em ambas as bebidas. No entanto, entre as semanas 26 e 39 à temperatura de armazenamento de 40°C, observou-se um aumento da turbidez e a estabilidade da cor foi alterada. A bebida MD-WPC 80 tinha um sabor e aroma limpos quando comparada com as bebidas comerciais WPI, enquanto a bebida comercial WPI desenvolveu alguns sabores estranhos tipicamente associados a bebidas ricas em proteínas. O sabor de ambas as bebidas manteve-se estável ao longo do tempo, enquanto o aroma do sabor diminuiu (Foegeding e Drake 2010). Resultados semelhantes foram observados num outro estudo com uma fórmula de bebida acidificada, instantânea, com sabor a pêssego e 6% de proteína, feita com um MD-WPC 80 e um CD-WPC 80 (Evans et. al. 2010). Em termos de sabor e aparência, as bebidas MD-WPC 80 foram preferidas em relação às bebidas CD-WPC 80.

5.7.1 Imunoglobulinas

As imunoglobulinas têm uma atividade antimicrobiana e podem neutralizar toxinas e vírus. O teor proteico é 3 a 4 vezes superior (até 15 g/l vs. 3 a 4 g/l) no colostro bovino do que no leite normal. Este facto é atribuído principalmente à elevada concentração de proteínas do soro de leite. As Ig's representam até 75% do azoto proteico total entre as proteínas do soro do colostro, na primeira ordenha, em comparação com cerca de 10% no leite normal. O conteúdo de Ig's varia individualmente, indo de 20 a mais de 100 g /l. Após o pós-parto, o conteúdo de Ig's diminui para menos de 1 g/l no decurso de uma semana. A principal função das imunoglobulinas é reagir contra os antigénios para mediar a sua eliminação.

Kothe et. al. (1987) patentearam um método para a produção de imunoglobulina a partir do leite e/ou do colostro. O leite e/ou o colostro, ou ambos, foram acidificados a um pH de 4,0-5,5 e, de preferência, 4,8 por HCl diluído ou um tampão de acetato. Antes, depois ou durante a acidificação, o leite e/ou o colostro foram diluídos com uma solução electrolítica a 1,5%, especialmente com uma solução de NaCl a 0,9%. O produto acidificado foi processado através de uma diafiltração de fluxo cruzado com uma membrana de fibra oca com um tamanho de poro de 0,4 um. Verificaram que a temperatura não era crítica e que o processo podia ser efectuado entre 4° e 40° C, de preferência à temperatura ambiente. O volume do fluido é mantido constante ao longo desta filtração inicial através da adição de solução de cloreto de sódio. O permeado é uma solução límpida que contém as imunoglobulinas e os componentes de baixo peso molecular. O permeado (pH 4,0 a 5,5) foi passado através de uma segunda diafiltração de fluxo cruzado de gama de ultrafiltração a uma pressão transmembranar de 1 bar, utilizando uma membrana de fibra oca com um corte de peso molecular de 10 kDa. A solução de imunoglobulina purificada é retida numa concentração de aproximadamente 5 a 10% do conteúdo proteico. O leite de vaca pode ser utilizado para recuperar níveis elevados de anticorpos específicos criados contra espécies pré-determinadas de bactérias e vírus devido à imunização direccionada das vacas. Estão atualmente a ser desenvolvidos produtos lácteos hiperimunizados para utilização nas indústrias farmacêutica e de alimentos para animais. Além disso, Ig's colostrais específicas (anticorpos) podem ser descobertas no futuro para aplicações na prevenção e tratamento de doenças microbianas humanas. Além disso, preparações enriquecidas com Ig têm sido produzidas em muitos países como substitutos do leite de vitelo (Clare et. al. 2003). Retinato de UF liofilizado

5.8 Concentrado de proteína de soro de leite

O soro de leite é o que sobra quando o leite é coagulado durante a produção de queijo e contém tudo o que é solúvel do leite depois de o pH ter descido para 4,6 durante o processo de coagulação (Spurlock, 2014). É uma solução de 5% de lactose em água, com alguns minerais e lactoalbumina (Encyclopedia Britannica. 15ª ed. 1994). O processamento pode ser feito por simples secagem, ou o teor de proteínas pode ser aumentado através da remoção de lípidos e outros materiais não proteicos (Foegeding, *et. al. ,.,* 2002). Por exemplo, a secagem por pulverização após filtração por membrana separa as proteínas do soro de leite (Tunick 2008).

A proteína do soro de leite é uma mistura de proteínas globulares isoladas do soro de leite, o material líquido criado como subproduto da produção de queijo. A proteína no leite de vaca é 20% de proteína de soro e 80% de proteína de caseína (Jay et. al. ,., 2004), enquanto a proteína no leite humano é 60% de proteína de soro e 40% de caseína (Luhovyy et. al. ,., 2007). A fração proteica do soro de leite constitui aproximadamente 10% do total de sólidos secos do soro de leite. Esta proteína é tipicamente uma mistura de beta- lactoglobulina (~65%), alfa-lactalbumina (~25%), albumina de soro bovino (~8%) e imunoglobulinas (Haug et. al. ,., 2007) Estas são solúveis nas suas formas nativas, independentemente do pH. A proteína de soro de leite é normalmente comercializada e ingerida como suplemento dietético, e várias alegações de saúde foram-lhe atribuídas na comunidade de medicina alternativa (Marshall2004).

Quadro 4 Composição da proteína do soro de leite

Proteína de soro de leite	WPC %	WPI %
a-lactalbumina	12 a 16	14 a 15
P-lactoglobulina	50 a 60	44 a 69
Glicomacropeptídeo (GMP)	15 a 21	2 a 20
Albumina sérica	3 a 5	1 a 3
Imunoglobulinas	5 a 8	2 a 3
Lactoferrina	<1	-

Walstra *et.*2006 Foegeding et. 2011

5.8.1 Solubilidade em água

Afecta as outras propriedades funcionais como a gelificação, a formação de espuma e as propriedades emulsionantes. A proteína de soro de leite perde a sua solubilidade à medida que a temperatura aumenta. As imunoglobulinas são mais sensíveis, pois são desnaturadas a uma temperatura de 70°C, seguidas da alfa-lactoalbumina, da beta-lactoglobulina e da albumina sérica, que resistem a temperaturas até 100°C. A desnaturação pelo calor não é mais do que a quebra da ponte de enxofre na molécula, resultando em desdobramento e insolubilidade. A insolubilidade atinge o seu máximo a um pH de 4, mas mesmo a este nível, a solubilidade é de cerca de 60%. A absorção máxima de água pelo WPC ocorre quando a exposição é de 5-10 min. A absorção de água é menos afetada pela alteração do pH e da concentração de sal. O aquecimento (80°C) geralmente favorece a absorção de água. Quando o soro de cheddar foi aquecido a pH 6,4 ou pH 5,8 a 72^C durante 15 s, eventualmente aquecido a 82 ou 88 °C durante 78s, ultrafiltrado e seco por pulverização. O WPC resultante continha 38% de proteína; o nível de desnaturação da proteína do soro de leite era de 10-53%. A capacidade de retenção de água (Fig. 1a) variou de 33% a 46%. Tanto o tratamento térmico como a acidez do soro de leite tiveram um efeito negativo na capacidade de retenção de água do iogurte. As maiores capacidades de retenção de água foram obtidas quando o iogurte foi fortificado usando WPC de soro de leite com baixo tratamento térmico (Tong *et. al.,.*, 2007).

5.8.2 Capacidade de formação de gel

O desdobramento das cadeias proteicas, associado à exposição dos aminoácidos, resulta na formação de gel. Isto deve-se à formação de ligações iónicas de hidrogénio. Quando as cadeias proteicas estão ligadas por ligações de hidrogénio, formam-se cavidades que absorvem água e a estrutura formada é uma rede de bolsas de água tridimensionais. O aquecimento provoca o desdobramento e, a uma temperatura mais elevada, o gel formado é mais forte. A formação de espuma não é mais do que a incorporação de ar para formar uma estrutura estável. A formação de espuma depende do desdobramento parcial das cadeias proteicas na interface ar-líquido. As proteínas do soro de leite desnaturadas têm fracas propriedades de batimento e, para obter uma melhor propriedade de batimento, deve evitar-se o tratamento térmico severo das proteínas do soro de leite. No entanto, um tratamento térmico ligeiro tende a favorecer ou a melhorar a capacidade de espumação das proteínas do soro de leite. A capacidade de formação de espuma pode ser medida através do tempo de batimento, da duração e da estabilidade da espuma. O maior over run é obtido quando a proteína de soro de leite está na sua maior solubilidade, na qual haverá uma desnaturação ligeira, mas não nula. O concentrado proteico de soro de leite é um melhor substituto para a clara de ovo.

5.8.3 Capacidade emulsionante

As propriedades de superfície das proteínas do soro de leite tornam-nas bons agentes emulsionantes. A capacidade emulsionante pode ser definida como a quantidade de óleo que pode ser emulsionada por uma determinada quantidade de proteína antes da inversão de fase ou do colapso da emulsão. A estabilidade da emulsão é definida como a capacidade da proteína para formar uma emulsão, que permanece inalterada durante um determinado período e condições. A capacidade de emulsão depende diretamente da solubilidade da proteína do soro de leite.

5.8.4 Capacidade de retenção ou de ligação da água

A ligação à água é uma propriedade importante dos produtos proteicos de soro de leite, especialmente quando são utilizados em produtos alimentares viscosos. A propriedade de ligação à água das proteínas é o principal fator determinante da textura de vários produtos alimentares. A capacidade de ligação à água do WPC é influenciada pela temperatura e pela composição. Tanto o tratamento térmico como a acidez do soro de leite tiveram um efeito negativo na capacidade de retenção de água do iogurte. As maiores capacidades de retenção de água foram obtidas quando o iogurte foi fortificado usando WPC de soro de leite com baixo tratamento térmico. (Tong et. al. ,.,2007)

Produto	Benefícios da utilização de WPC na formulação de produtos alimentares	Referências
Gelado	A substituição da MSNF normal (13,0%) por WPC resultou num aumento da viscosidade e da capacidade de batimento da mistura e num aumento do overrun, da resistência à fusão e da pontuação sensorial do gelado.	(Pinto et al., 2007)
	O WPC-82 pode ser incorporado até ao nível de 40% no gelado para substituir o SMP. Aumentou o teor proteico do gelado.	(Pandiyan *et al.*, 2012)
Queijo para barrar	A pasta de queijo com boa capacidade de fusão e melhor espalhamento pode ser preparada usando WPC-38 a um nível de 4,5% de sólidos de queijo.	(Pinto et al., 2007)
Análogo do mozzarellacheese	A inclusão de WPC como substituto parcial da caseína de coalho (RC:WPC; 85:15) produziu um análogo de queijo com maior firmeza e capacidade de fusão, menor coesividade e perda de gordura, e mastigabilidade moderada.	(Padhiyar , Jana e Modha, 2016)
Branqueador de café	O WPC pode substituir 5-10% de Na-caseinato na formulação. O resultado foi um produto com maior viscosidade, maior estabilidade e aceitabilidade sensorial do que o controlo.	(Thomposon 1982)
Bolos	A substituição integral do ovo por WPC resultou num elevado valor de arejamento.	(Wit 2001)
Chocolate	A substituição de SMP por WPC @ 5% melhorou o perfil nutricional e a intensidade da reação de maillard, produzindo um chocolate com melhor sabor e sensação na boca.	(Boujas, 1998)

6. Ingredientes de proteína desnaturada

6.1. Co-Precipitado

O termo co-precipitado de proteínas foi utilizado pela primeira vez por Everette (1952) para descrever um produto produzido pela acidificação e aquecimento de uma combinação de caseína e proteínas do soro de leite. Inicialmente, o termo limitava-se aos co-precipitados produzidos a partir do leite, embora o uso do termo se tenha alargado para incluir misturas de proteínas do leite com proteínas de outras fontes (Thompson, 1977), e também misturas de proteínas com polissacarídeos (Gonçalves e Bourgeois, 1986a; Gonçalves *et. al.*, 1986; Zaleska *et. al.*, 2001). Os co-precipitados são produzidos por coagulação isoeléctrica, ocorrendo a precipitação como resultado dos efeitos simultâneos da combinação de ácido e calor, ou ácido, calor e agentes precipitantes como o $CaCl2$ (Babella, 1984) As proteínas do leite têm um bom perfil nutricional e propriedades funcionais, mas são também caras e não estão disponíveis em quantidades insuficientes. As proteínas do soro de leite, incluindo a _-lactalbumina e a _-lactoglobulina, são reconhecidas pelo seu elevado valor nutricional (Forsum, 1975; Loewnstein e Paulraj, 1971; Qi e Onwulata, 2011). A preparação de co-precipitados de proteínas do leite tem uma longa história industrial, com um processo de preparação de co-precipitados de proteínas do leite patenteado pela primeira vez em 1952 (Southward e Goldman, 1975). Os co-precipitados de proteínas do leite são produzidos pela precipitação de caseína e proteínas do soro de leite utilizando uma combinação de tratamentos térmicos e adição de ácido com ou sem adição de sais de cálcio (Al-Saadi e Deeth, 2011).A função do tratamento térmico na preparação do co-precipitado proteico é desnaturar as proteínas do soro de leite e pode causar uma interação entre as proteínas do soro de leite e da caseína, incluindo a caseína e a _-lactoglobulina, através da formação de ligações dissulfureto (Jang e Swaisgood, 1990). Quando as proteínas do soro de leite são desnaturadas na presença de caseína, os grupos sulfidrilo expostos das proteínas do soro de leite reagem preferencialmente com a caseína (Creamer *et. al. ,.*, 1978).

Os co-precipitados de leite são estabilizados através de uma combinação de mecanismos. A força iónica, particularmente o cálcio, desempenha um papel importante na preparação dos co-precipitados de proteínas do leite (Modler, 1985a,b). As três principais funções da força iónica são a proteção eletrostática, a interação ião-hidrofóbica e a ligação cruzada de moléculas aniónicas através da formação de pontes entre as proteínas do soro e as proteínas da caseína (Kinsella et. al., 1989; Wang e Damodaran, 1991). Quando as proteínas do soro de leite são desnaturadas pelo calor na presença de caseína, os grupos sulfidrilo expostos do soro de leite reagem preferencialmente com a caseína (Creamer et. al. ,., 1978). Isto significa que é possível que a quantidade de co-precipitados de proteínas do leite desnaturadas atinja 98-100% das proteínas totais (Babella, 1984). A composição dos co-precipitados de proteínas do leite é afetada pela extensão da lavagem dos materiais precipitados (Buchanan et. al., 1965). O teor de cálcio do co-precipitado de proteínas do leite é determinado principalmente pelo pH da co-precipitação (Muller et. al.,., 1967).

Preparação

Um método para a recuperação de co-precipitados do leite utilizando ácido e/ou CaCl2 foi descrito por Muller et. al. (1966). O leite desnatado foi aquecido a 92°C durante 15 ou 5 minutos antes da precipitação das proteínas por ácido ou CaCl2, respetivamente. Os precipitados resultantes foram lavados uma vez, prensados e secos. Aproximadamente 90% das proteínas totais foram recuperadas por estes processos. O fabrico de uma gama de co-precipitados com diferentes teores de cálcio foi descrito por Muller et. al. (1967).

Os termos alto, médio e baixo teor de cálcio foram utilizados para definir os co-precipitados com teores de cálcio na gama de 2,5-3,0, 1,0-2,0 e 0,5-0,8%, respetivamente. O nível de cálcio no produto foi controlado variando o pH da precipitação, a quantidade de CaCl2 adicionada e o período de tempo durante o qual o leite foi mantido a 90°C.

Co-precipitado de baixo teor de cálcio, o leite foi aquecido a 90°C durante 15-20 min na presença de 0,03% de CaCl2 e precipitado a pH 4,6.

Co-precipitado de cálcio médio, o leite foi aquecido a 90°C durante 10-12 min na presença de 0,06% de CaCl2 e precipitado a cerca de pH 5,4.

Co-precipitado com alto teor de cálcio, o leite foi aquecido a 90°C durante 1-2 min e foi adicionado 0,2% de CaCl2 para precipitar a proteína. A produção de proteína foi relatada como sendo de 95-97% da proteína total do leite. Grufferty e Mulvihill (1987). mostraram que o rendimento máximo de proteína do leite desnatado foi obtido ajustando o leite para pH 7,5, aquecendo a 90°C por 15 min, resfriando a 30°C e precipitando a proteína em pH 4,6. O aquecimento a um pH superior ou inferior a pH 7,5 durante um período inferior a 15 minutos a 90°C a pH 7,5 reduziu o rendimento proteico. O aquecimento a 140°C durante 4,89,6 s também deu um rendimento proteico reduzido. O rendimento proteico do leite aquecido na faixa de 4070°C a pH 9- 10,5 (um processo semelhante ao de Connolly) foi muito menor do que quando o leite foi aquecido a pH 7,5.

Além disso, as solubilidades dos isolados proteicos preparados por precipitação ácida de leites aquecidos foram de cerca de 100% quando o leite desnatado foi ajustado para pH > 7,5, antes do aquecimento.

Tabela 5 Tempo e temperatura necessários para os co-precipitados

Tipo	Temp	Tempo (min)	Conc. de cálcio para coagulação	pH de precipitação	Conteúdo Calci u m
Alto teor de cálcio	90°C	1-2	0.2 %	~7	2.5-3.0 %
Médio Cálcio	90°C	10-12	0.06 %	5.4	1.0-2.0 %
Baixo teor de cálcio	90°C	15-20	0.03 %	4.6	0.5-0.8 %

6.2. Aplicação de co-precipitados em produtos alimentares

Os pães cozidos produzidos a partir de co-precipitados de proteínas do leite de baixa absorção demonstraram ser mais aceitáveis do que os produzidos a partir de co-precipitados solúveis de absorção mais elevada (Muller *et. al.* 1970). Os co-precipitados de proteínas do leite insolúveis e dispersos foram também considerados como ingredientes adequados para a fortificação de cereais de pequeno-almoço (Muller *et. al.,.,* 1970). Os co-precipitados de proteínas do leite preparados com cálcio (0,5-0,8%) parecem ser os mais solúveis, e 1,0-1,5% de cálcio os menos solúveis (Kosaric e Ng, 1983). Montigny (1983) descreveu um processo para a precipitação de caseína e ou proteínas do soro de leite através da aplicação combinada de acidificação e aquecimento para produzir um co-precipitado adequado como pré-queijo para o fabrico de queijo. Os iogurtes fortificados com caseinatos mostraram maior viscosidade e índice de sinérese em comparação com os iogurtes preparados a partir de leite desnatado fortificado com co-precipitado (Guzman-Gonzalez *et. al.,* 2000). O co-precipitado de leite foi preparado misturando leite com 0,2% de CaCl2, aquecendo a 90" C e ajustando o pH para 5,9 (Eswarapragada *et. al. ,.,* 2010).

7. Caseinato

Uma variedade de produtos de caseína pode ser preparada a partir do leite desnatado através de acidificação (ácidos lático, clorídrico ou sulfúrico) ou por hidrólise enzimática, por exemplo, coalho. A caseína láctica é normalmente produzida por fermentação para conseguir a redução do pH, enquanto as caseínas de ácido clorídrico e de ácido sulfúrico são fabricadas por acidificação direta. A caseína de coalho é preparada por hidrólise enzimática (por exemplo, quimosina) do glicomacropeptídeo da K-caseína. De acordo com Fox e Mulvihill (1983), 85% da t-caseína deve ser hidrolisada para induzir a coagulação no fabrico da caseína de coalho. A caseína húmida precipitada é depois processada através da drenagem do soro, da lavagem da coalhada, da prensagem, da moagem, da secagem, da trituração, da peneiração e do ensacamento. As fases de acidificação e de lavagem são particularmente importantes no fabrico de caseína ácida. Uma acidificação insuficiente resulta na retenção de demasiado cálcio, o que dá origem a um produto de elevada viscosidade e causa problemas de manuseamento durante a produção de caseinato.

Uma lavagem deficiente deixa lactose residual que pode descolorir o produto durante a armazenagem (Hynd 1975, Muller 1982). A caseína de coalho não é solubilizada até ser atingido o pH 9 na presença de produtos químicos complexantes de iões de cálcio (Mor 1982). As caseínas preparadas por precipitação isoeléctrica têm um teor de cálcio e de fósforo inferior ao da caseína de coalho.

Os caseinatos são produzidos através da conversão da coalhada ácida húmida ou da caseína ácida em pó reconstituída em caseinato de Na, potássio (K), amoníaco (NH4) ou cálcio (Ca) por neutralização a um pH de 6,8 a 7,5 (Muller 1982). Os caseinatos produzidos diretamente a partir da coalhada húmida têm melhor sabor do que os produtos preparados a partir de caseína convertida. Durante a preparação, é importante manter um pH de 6,8 a 7,5 para evitar a ligação dos fosfolípidos às regiões hidrofóbicas das moléculas de caseína (Morr 1972). Os caseinatos têm pouca semelhança estrutural com as micelas de caseína do leite, uma vez que a estrutura coloidal do fosfato foi completamente dissipada em agregados.

Para o fabrico de caseinatos, a coalhada de caseína ácida fresca é preferível à caseína seca como matéria-prima, uma vez que a primeira produz caseinatos com um sabor mais suave do que a segunda. Os caseinatos preparados a partir de caseína seca incorrerão igualmente em custos de fabrico adicionais associados à secagem, ao processamento a seco, ao ensacamento e ao armazenamento da caseína antes da sua conversão em caseinato de sódio. No entanto, nos países que importam caseína, os compradores podem ainda preferir comprar caseína e produzir o seu próprio caseinato de sódio. A caseína deve ter um baixo teor de cálcio (< 0,15% base seca) para produzir uma solução de caseinato com baixa viscosidade, e um baixo teor de lactose (< 0,2% base seca) para produzir caseinato de sódio com a melhor cor, sabor e valor nutricional. O controlo das características da coalhada é também importante para garantir uma dissolução rápida.

7.1.Caseinato

O caseinato é de dois tipos

Caseinato de sódio e caseinato de cálcio

7.1.1. Caseinato de sódio

O NaCas é produzido a partir do leite desnatado por precipitação ácida e ressuspensão do precipitado em condições alcalinas (NaOH). Os sais de caseinato, em geral, são conhecidos pela sua capacidade de formar agregados a pH baixo. O grau desta agregação é dependente do pH (Nakagawa e outros 2016). No NaCas, as interacções caseína-caseína são controladas pela repulsão eletrostática entre os componentes das moléculas de caseína. Estas repulsões são mais fracas para os catiões monovalentes quando comparadas com os catiões divalentes (como o cálcio), o que permite a superação da energia de associação hidrofóbica, resultando na formação de agregados hidratados (Carr e Golding 2016). Existem algumas dificuldades durante o fabrico de NaCas, como a elevada viscosidade da solução de NaCas em concentrações moderadas, que limita os sólidos totais da alimentação para secagem por pulverização a 20%. Do mesmo modo, o revestimento das micelas de caseína com uma película viscosa atrasa a dissolução das caseínas após a adição de álcali. Para ultrapassar estas dificuldades, é importante controlar o pH e a temperatura durante o fabrico (Sarode e outros 2016). Sabe-se que durante o fabrico de NaCas o fosfato de cálcio é removido da micela de caseína e a estrutura é danificada produzindo proteínas de caseína individuais. Portanto, quando o pó de NaCas é reconstituído, pode facilitar a sua solubilização (Holt e outros 1986; Smialowska e outros 2017).

7.1.2. Caseinato de cálcio

O CaCas é produzido por precipitação ácida do leite desnatado e ressuspensão com hidróxido de cálcio (Ca(OH)2). No CaCas, quase todo o cálcio está fortemente ligado aos locais fortemente aniónicos das proteínas, em resultado de ligações hidrofóbicas. Isto provoca um rearranjo das caseínas através da redução da repulsão intermolecular e da formação de agregados com predominância de caseína κ- carregada na superfície. Consequentemente, a CaCas é pouco hidratada e compacta (Carr e Golding 2016). A CaCas pode ser usada em preparações nutricionais e dietéticas e em alimentos prontos para consumo, como sopas (Moughal e outros 2000). No entanto, essas aplicações exigem uma boa dissolução de proteínas, o que torna a utilização de CaCas um desafio.

Suspensão e solubilização da caseína

As principais dificuldades encontradas na conversão da caseína ácida em caseinato de sódio são as seguintes (a) a viscosidade muito elevada da solução de caseinato de sódio de concentração moderada, que limita o teor de sólidos para a secagem por pulverização a 20%, (b) a formação de um revestimento viscoso, gelatinoso e relativamente impermeável na superfície das partículas de caseína, que impede a sua dissolução com a adição de álcali. Para ultrapassar a primeira dificuldade, é essencial que o pH e a temperatura sejam controlados durante a conversão, uma vez que estes influenciam a viscosidade, enquanto a segunda pode ser ultrapassada através da redução do tamanho das partículas, passando a mistura de caseína e água através de um moinho coloidal antes da adição de álcali. Após a lavagem final da caseína, a coalhada pode ser desidratada até cerca de 45% de sólidos e depois misturada com água (até 25-30% de sólidos) antes de entrar no moinho coloidal. A temperatura da pasta resultante, que pode ter a consistência de "pasta dentífrica", deve ser inferior a 45° C, uma vez que se observou que a coalhada moída pode voltar a aglomerar-se a temperaturas mais elevadas.

Adição de álcali e controlo do pH

O álcali mais comum utilizado na produção de caseinato de sódio é o hidróxido de sódio sob a forma de solução 2,5 M. A quantidade de hidróxido de sódio necessária é geralmente de 1,7-2,2% em peso dos sólidos de caseína. Podem ser utilizados outros álcalis, como o bicarbonato de sódio ou os fosfatos de sódio, mas as quantidades necessárias e o seu custo são superiores aos do hidróxido de sódio. Por conseguinte, em geral, só seriam utilizados para fins específicos, como no fabrico de caseinato citratado. A adição do álcali diluído (de preferência por dosagem na linha de recirculação imediatamente antes da bomba) deve ser cuidadosamente controlada com o objetivo de atingir um pH final de caseinato de 6,6-7,0 (geralmente cerca de 6,7). A técnica recomendada para atingir o pH correto do caseinato é adicionar álcali suficiente para aproximar o pH do valor especificado, mas abaixo deste, e depois adicionar o álcali adicional necessário no final da operação de dissolução. Esta técnica é utilizada por duas razões principais: em primeiro lugar, porque a redução do pH de uma solução de caseinato de sódio por adição de ácido é suscetível de causar precipitação localizada de caseína e, em segundo lugar, o desenvolvimento de quaisquer sabores estranhos associados a condições localizadas de elevada alcalinidade é minimizado. Uma terceira razão é o potencial de formação de lisinolamina quando o pH é excessivamente elevado (por exemplo, >10).

Dissolução

A viscosidade das soluções de caseinato de sódio é uma função logarítmica da concentração total de sólidos. Por conseguinte, cada cuba de dissolução deve estar equipada com um agitador potente e uma bomba de recirculação de alta velocidade. Para além da concentração, outros factores que afectam a viscosidade das soluções de caseinato de sódio são a temperatura (semi-logarítmica), o pH, o teor de cálcio da coalhada, o tipo de álcali utilizado e factores sazonais e genéticos. Uma vez adicionado o álcali à caseína, é importante aumentar a temperatura o mais rapidamente possível até 6075°C para reduzir a viscosidade. No entanto, deve ter-se o cuidado de evitar manter a solução de caseinato de sódio concentrado quente (> 70°C) durante longos períodos antes da secagem, uma vez que pode desenvolver-se uma cor castanha na solução devido à reação entre a proteína e a lactose residual. Durante a operação de dissolução, a incorporação de ar deve ser reduzida ao mínimo, uma vez que as soluções de caseinato formam espumas muito estáveis. Por conseguinte, todas as juntas das tubagens, nomeadamente do lado de aspiração das bombas, devem ser estanques e a linha de recirculação deve descarregar abaixo da superfície do líquido na cuba de dissolução. Tendo em conta as muitas variáveis que podem afetar a viscosidade das soluções de caseinato de sódio, considera-se desejável padronizá-las para uma viscosidade constante, em vez de uma concentração constante, antes da secagem.

Secagem da solução de caseinato de sódio

A solução homogénea de caseinato de sódio é normalmente seca por pulverização numa corrente de ar quente. Para garantir uma atomização eficiente da solução de caseinato de sódio, esta deve ter uma viscosidade constante à medida que é introduzida no secador. É prática comum minimizar a viscosidade através do pré-aquecimento da solução a uma temperatura de 90-95°C imediatamente antes da secagem por pulverização; no entanto, deve ter-se o cuidado de minimizar o tempo durante o qual a solução de caseinato está a uma temperatura elevada. O teor de humidade do caseinato de sódio seco por pulverização deve ser inferior a 5% para um armazenamento satisfatório, o que parece ser consistente com muitas especificações do produto.

7.2.Propriedades funcionais do caseinato e do co-precipitado

7.2.1. Propriedades de ligação à humidade

Os micelos de caseína ligam uma grande quantidade de água (2-4 g/g de proteína) em comparação com a proteína globular (50 g/100 g de proteína). Os "pêlos" de k-caseína (com uma porção de hidratos de carbono) que sobressaem da superfície das micelas também contribuem para a grande quantidade de água associada às micelas. Assim, a caseína pode modificar a textura da massa ou de produtos cozinhados, servir como matriz formadora de produtos de tipo queijo, produzir materiais plásticos especializados ou aumentar a consistência de soluções como as sopas. A capacidade dos caseinatos de se ligarem à humidade através de ligações de hidrogénio e de aprisionamento também tem sido vantajosa em carnes e salsichas. Esta propriedade pode ser modificada por tratamento térmico e pelo ambiente iónico. Por exemplo, a sinérese do iogurte é evitada por um tratamento térmico elevado. A substituição dos iões de cálcio por sódio aumenta as propriedades de ligação à humidade das caseínas. O caseinato de sódio é a forma solúvel em água mais comum de caseína e é utilizado na indústria alimentar.

O caseinato de sódio é anunciado pela FAO e pela OMS como um aditivo alimentar sem restrições. As duas principais razões para utilizar o caseinato de sódio como ingrediente alimentar são as suas propriedades funcionais e o seu valor nutricional. O caseinato de sódio contém todos os tipos de aminoácidos essenciais e uma variedade de microelementos para o corpo humano, pelo que pode atuar não só como suplemento nutricional e fonte de proteínas de vários alimentos, mas também como microelemento mineral para o corpo humano. A proteína de soro de leite desnaturada pelo calor (lactoalbumina) absorve mais água do que a proteína de soro de leite não desnaturada. As utilizações práticas dos concentrados de proteínas de soro de leite, em que as interacções água-proteína são utilizadas, incluem bebidas à base de iogurte, gelados de pacote duro, gelados com baixo teor de gordura, gelados sem gordura e gelados de serviço suave, iogurtes, natas ácidas e branqueadores de café. Em molhos de queijo, sopas cremosas com baixo teor de gordura, molhos cremosos para saladas, massas refrigeradas e marmelada de laranja, a viscosidade e a capacidade das proteínas do soro de leite para se ligarem à água são úteis. (Damodaran, 1997.)

7.2.2. Solubilidade

A solubilidade é uma propriedade funcional importante e é um pré-requisito para a maioria das outras funcionalidades. Um perfil típico de solubilidade-pH da caseína mostra que perto do seu pH isoelétrico, ou seja, pH 4,0-5,0, a caseína ácida é completamente insolúvel, enquanto que a valores de pH >5,5, é convertida em sal catiónico (Na, K e NH3) e solubiliza-se. As soluções de caseinato (10-15%) podem ser prontamente preparadas a pH 6,6-7,0.

Os caseinatos de sódio e de amónio apresentam melhor solubilidade e viscosidade do que os caseinatos de cálcio, o que talvez se deva a uma maior ionização dos primeiros. O caseinato de cálcio em água existe como grandes agregados que são estáveis a um pH superior a 5,5. A caseína é também solúvel a <~pH 3,5, mas o coeficiente de viscosidade é mais elevado a valores de pH ácido do que a valores de pH neutro, formando-se um sistema semelhante a um gel. Praticamente todas as aplicações de produtos de caseína requerem a sua dissolução prévia. As caseínas solúveis em ácido podem ser produzidas por modificação enzimática ou química.

Os co-precipitados com elevado teor de cálcio e as caseínas de coalho são muito insolúveis em água devido ao seu elevado teor de cálcio, sendo necessário utilizar agentes sequestrantes de cálcio (citrato ou polifosfato) para os solubilizar. As proteínas do soro de leite são únicas entre as proteínas do leite utilizadas em aplicações alimentares, uma vez que, na sua conformação nativa, são solúveis a uma força iónica baixa em toda a gama de pH necessária para aplicações alimentares.

O caseinato e o co-precipitado são utilizados nas bebidas devido à sua propriedade denominada solubilidade. Os produtos à base de caseína são utilizados como estabilizadores ou pelas suas propriedades de batimento e formação de espuma em chocolates para beber, bebidas gaseificadas e bebidas de fruta. Existe também um grande mercado para o caseinato de sódio em licores de natas e, em menor escala, em aperitivos de vinho. Os produtos de caseína têm sido utilizados nas indústrias do vinho e da cerveja como agentes de colagem, para diminuir a cor e a adstringência e para ajudar na clarificação.

7.2.3. Viscosidade

A elevada viscosidade da caseína em solução resulta das estruturas muito abertas e quase aleatórias das moléculas de caseína. O caseinato de sódio encontra aplicação em produtos que requerem uma elevada viscosidade. Os caseinatos de solução altamente viscosos em concentrações superiores a 15% e mesmo a altas temperaturas contendo mais de 20% de proteína são tão elevados que dificultam o seu processamento. A viscosidade do caseinato de sódio está logaritmicamente relacionada com a concentração, enquanto existe uma relação linear entre o logaritmo da viscosidade e o recíproco da temperatura absoluta. As viscosidades das soluções de caseína diferem, não só com as diferentes caseínas, mas também com a concentração, o catião presente, o valor do pH, a temperatura e a idade das soluções.

A viscosidade do caseinato de sódio é fortemente dependente do pH, com um mínimo a cerca de pH 7,0. A viscosidade da caseína é muito mais elevada a pH baixo (2,5-3,5) do que a pH neutro, formando-se estruturas semelhantes a gel a >5% de proteína a temperaturas <40°C. Para muitas aplicações alimentares, uma viscosidade elevada é vantajosa.

O caseinato de cálcio é selecionado quando se pretende uma solução de viscosidade relativamente baixa e elevada turvação (aspeto leitoso). A viscosidade que resulta das interacções água-proteína foi amplamente discutida por de Wit (1989). A viscosidade relativa do soro de leite diminui entre 30 e 65°C. Acima de 65°C, esta viscosidade relativa aumenta como resultado da desnaturação da proteína e acima de 85°C observa-se um aumento adicional como consequência da agregação da proteína.

A proteólise limitada pela proteinase indígena do leite reduz a viscosidade das soluções de caseinato e pode explicar a baixa viscosidade dos caseinatos produzidos a partir de leite de lactação tardia, que tem um elevado nível de proteinase indígena. A viscosidade dos caseinatos pode também ser reduzida por tratamento com agentes redutores de dissulfureto e/ou bloqueadores de sulfidrilo.

7.2.4. Gelificação

Os géis são sistemas em que uma pequena proporção de sólido está dispersa numa proporção relativamente grande de líquido, mas que têm a propriedade de rigidez mecânica ou a capacidade de suportar a tensão de cisalhamento em repouso, propriedades dos sólidos. A gelificação ou coagulação ocorre quando o leite é sujeito a uma proteólise limitada por proteinases ácidas, por exemplo, coalho, que hidrolisam a k-caseína estabilizadora de micelas, produzindo micelas contendo para-K-caseína, que coagulam com a concentração de Ca2+ no soro do leite. Este fenómeno constitui a base do fabrico da caseína de coalho e da maioria das variedades de queijo. As estruturas semelhantes a gel formam-se a > 5% de proteína a temperaturas < 40°C, que podem ser exploradas na preparação de géis de fruta contendo proteínas do leite.

As dispersões concentradas de Ca-caseinato (> 15% de proteína) gelificam ao serem aquecidas a 50-60°C. A temperatura de gelificação aumenta com a concentração de proteína de 15 a 20% e com o pH na gama de 5,2-6,0. O gel liquefaz-se lentamente com o arrefecimento, mas reforma-se com o aquecimento; o caseinato de cálcio é o único sistema de proteínas do leite que apresenta propriedades de gelificação térmica reversíveis. A gelificação é a formação de estruturas tridimensionais capazes de conter água suficiente para produzir gel. Um trabalhador definiu a gelificação como um fenómeno de agregação de proteínas em que as interacções polímero-polímero e polímero-solvente são tão equilibradas que se forma uma rede ou matriz terciária. As proteínas do soro de leite, na sua forma solúvel não desnaturada, como no WPC preparado pelo processo UF, têm a capacidade de formar géis irreversíveis induzidos pelo calor a uma concentração adequada de proteínas, pH e condições iónicas. A viscosidade e a estabilidade do iogurte dependem quase totalmente do teor proteico do leite. Uma combinação de adição de proteínas de soro de leite e tratamento térmico do leite melhora a viscosidade e as propriedades de ligação à água do iogurte.

O caseinato de sódio é utilizado para aumentar a firmeza do gel e reduzir a sinérese no iogurte. A utilização de coprecipitado com proteína de soro de leite desnaturada leva à interação entre P-lg e K-CN, o que mostra uma estrutura firme e pouca suscetibilidade à sinérese. Até 60% de desnaturação da proteína de soro de leite, a firmeza do gel aumenta consideravelmente. Jelen et.al (1987) relataram que a viscosidade do iogurte diminuiu com o aumento da quantidade de proteína de soro de leite.

7.2.5. Propriedades de fusão

A caseína apresenta propriedades de fusão que são únicas entre as proteínas. Após uma proteólise limitada, a caseína tornar-se-á termoplástica e fluirá após aquecimento. Um efeito semelhante pode ser conseguido através da quelação de alguns dos iões de cálcio presentes. Estes fenómenos são a base para a fusão de queijos naturais e para a produção de queijos de processo ou de imitação. Para que se possa dizer que uma substância funde, é necessário que exista uma estrutura. No caso das caseínas, esta estrutura pode ser obtida por precipitação com cálcio, ácido ou adição de renina. A caseína não forma géis térmicos e tem pouca funcionalidade em aplicações que requerem um ajuste de temperatura. A elevada estabilidade térmica e a capacidade de fusão são as duas propriedades dos caseinatos que os tornam difíceis de substituir em muitas aplicações alimentares. A procura de caseína para produtos como análogos de queijo (queijo processado, queijo Mozzarella) depende da formação de uma matriz proteica a partir de caseinato de cálcio que sofrerá fusão térmica semelhante à do queijo processado.

Os caseinatos e coprecipitados são amplamente utilizados para complementar o teor de proteínas e, por conseguinte, melhorar as características sensoriais dos produtos lácteos processados convencionalmente, sendo também utilizados na produção de uma vasta gama de produtos lácteos de imitação. Os queijos de imitação são fabricados a partir de gorduras vegetais, caseinatos, sais e água, o que representa uma poupança significativa em comparação com a utilização de queijo natural. As propriedades funcionais dos caseinatos e coprecipitados que favorecem a sua utilização em queijos de imitação incluem a ligação de gorduras e água, a textura, o aumento das propriedades de fusão, a consistência fibrosa e a capacidade de trituração.

7.2.6. Capacidade de emulsão e de formação de espuma/propriedade de ligação de gorduras

Os caseinatos dão geralmente maiores quantidades de espuma, mas produzem espumas menos estáveis do que a clara de ovo ou os concentrados de proteína de soro de leite. A excelente propriedade surfactante da caseína anfifílica é também responsável pela sua utilização em coberturas para chantilly, misturas para bolos e gelados. O poder emulsionante de uma proteína é a sua capacidade de estabilizar a emulsão óleo-água ou óleo-água com uma concentração mínima em condições específicas. Este poder deve-se principalmente a numerosos sítios hidrofóbicos superficiais (devido a aminoácidos polares) que promovem uma maior afinidade da proteína para a fase oleosa. A caseína forma complexos com as gorduras do leite e outros lípidos e actua como emulsionante, formando um revestimento estável em torno dos glóbulos de gordura.

Em geral, os produtos de proteína do leite, especialmente os caseinatos, são muito bons emulsionantes de gordura e são amplamente utilizados em aplicações de emulsificação em alimentos. As emulsões que contêm caseinato de sódio são resistentes ao choque térmico da pasteurização, têm uma maior tolerância à congelação-descongelação e permanecem intactas durante o tratamento de secagem por pulverização.

Quadro 6 Funções do caseinato e do co-precipitado em diferentes sistemas alimentares

Função	Mecanismo	Sistema alimentar
Ligação à água	Ligação H, hidratação de iões	Enchidos de carne, bolos, pães
Viscosidade	Ligação da água, tamanho hidrodinâmico, espessamento da forma	Sopas, molhos e temperos
Gelificação	Aprisionamento e imobilização de água, formação de redes, formação e fixação de matrizes proteicas	Carnes, géis, bolos, padarias, queijos
Coesão/adesão	Hidrofóbica, iónica e de ligação	Carne, salsichas, massas, produtos de pastelaria
Elasticidade	Adsorção e formação de película na interface	Salsichas, mortadela, sopa, bolos, molho
Espuma	Adsorção interfacial e formação de película	Cobertura de chantilly, gelados, bolos, sobremesas
Aumento da gordura e do sabor	Ligação hidrofóbica, aprisionamento	Carne simulada, produtos de panificação, produtos de panificação com baixo teor de gordura

8. Comparação da fase nativa e desnaturada do ingrediente proteico

8.1.Comparação da estrutura proteica em diferentes tipos de proteínas Ingrediente

	Teor total de proteínas	Componentes principais	Processo	Estrutura	Aplicação
MPC MPI*	35% a 90% *min80% de proteína	82% de caseína e 18% de	Tratamento térmico do leite desnatado e concentração das proteínas do soro de leite as fracções proteicas, tanto as proteínas do soro de leite como as caseínas, utilizando a tecnologia das membranas	As caseínas estão presentes em estrutura micelar e as proteínas do soro de leite estão presentes na sua forma globular natural ou com algum grau de desnaturação devido ao aquecimento durante o processamento	Leite para fabrico de queijo, gelado, iogurte, bebidas, sopas e molhos para saladas, etc.
ICM	>80%	86% de caseína	Filtração por membrana do leite desnatado seguida de secagem por atomização	As caseínas estão presentes no estado micelar, ou seja, contendo fosfato de cálcio coloidal	Fabrico de iogurtes e queijos.
NaCas	>80%	NaCas	Produzido por precipitação ácida do leite desnatado e ressuspensão com hidróxido de sódio, NaOH	Solubilização da caseína precipitada em NaCas	Preparações nutricionais e dietéticas e em refeições prontas, fórmulas para bebés.
CaCas	>80%	CaCas	Produzido por precipitação ácida de leite desnatado e ressuspensão com hidróxido de cálcio, CafOHjj	O cálcio liga-se à proteína formando agregados com x-caseína carregada na superfície	Preparações nutricionais e dietéticas, refeições prontas, fórmulas para lactentes e geriátricas, etc.

Quadro 7 Comparação de aminoácidos de MPC, WPC e SMP

Nutrientes	Valor SMP por 100 g de pó	MPC 80	WPC 80
Proteína	**34-40%**	**79.5**	**77.76**
AA**			
Triptofano*	0.51	0.60	2.25
Treonina*	1.63	2.01	4.83
Isoleucina*,a	2.18	2.13	4.89
Leucina*,a	3.54	4.5	10.38
Lisina*	2.86	3.6	6.93
Metionina*	0.99	1.44	1.86
Cistina	0.33	0.96	2.25
Fenilanina*	1.74	2.37	2.45
Tirosina*	1.74	2.55	2.55
Valina*,a	2.42	2.61	4.77
Arginina	1.30	1.68	1.98
Histidina*	0.98	1.29	1.77
Alanina	1.24	1.44	4.23
Ácido aspártico	2.74	3.33	9.66
Ácido glutâmico	7.57	10.8	14.07
Glicina	0.76	0.75	1.47
Prolina	3.50	5.1	4.41
Serina	1.96	2.79	3.27

(Rutherfurd e Moughan (1997), U.S. Dairy Export Council. (1999).)

1   Essencial

2   * Aminoácido

a BCAAs

Quadro 8 Comparação da qualidade das proteínas

Tipo de proteína	PER	BV	NPU	PDCAAS
Caseína	2.5	77	76	1.0
PPM	3.2	104	92	1.0
WPCs	2.5	91	82	1.0

(Adaptado de: U.S. Dairy Export Council. (1999). Reference manual for U.S. whey products. 2ª ed. e Sarwar (1997).

8.2. Comparação de gelados preparados com MPC, WPC, SMP e caseinato como fontes de proteína/SNF

Preparação de gelados com wpc vs smp

O gelado é uma sobremesa congelada deliciosa e nutritiva, consumida por todos os grupos etários. De acordo com as regras da PFA1 (1976), o gelado não deve conter menos de 10% de gordura, 36% de sólidos totais e 3,5% de proteínas. O teor de proteínas do gelado é baixo. O soro de leite e os produtos derivados do soro de leite têm sido utilizados com sucesso em gelados e outras sobremesas lácteas congeladas desde há anos. O concentrado de proteínas de soro de leite (WPC) é rico em aminoácidos essenciais como a lisina, o triptofano, a cistina e a metionina. Os sólidos de soro de leite possuem proteínas superiores nutricionalmente e funcionalmente biologicamente activas e a sua incorporação na mistura de gelado resultaria num produto superior em termos de aumento do tempo de congelação, para além de aumentar o teor proteico do gelado2-4. Também melhora a cremosidade, a suavidade e o sabor do gelado5. Neste estudo, substituíram-se as SMP por WPC em diferentes níveis de 10, 20, 30 e 40 por cento.

8.3. Preparação de gelado enriquecido com WPC

A quantidade calculada de leite e manteiga foi aquecida a 65oC e depois foi homogeneizada por um homogeneizador de duas fases (fase I 2500 psi e fase II 500 psi) para fazer uma emulsão uniforme. A mistura foi então aquecida a 75oC, seguida da adição de leite em pó desnatado, açúcar, estabilizador e emulsionante com agitação constante de modo a dissolver completamente os constituintes. A mistura de gelado foi pasteurizada a 80°C durante 30 minutos e envelhecida durante uma noite a 5°C. Após o envelhecimento, a mistura foi congelada utilizando um congelador de lotes e as amostras de gelado foram endurecidas e armazenadas a uma temperatura de -23 a -18° C6. As amostras de gelado foram preparadas substituindo o leite em pó desnatado a 10, 20, 30 e 40 por cento por concentrado de proteínas de soro de leite. O teor de sólidos totais e de gordura dos gelados de controlo e experimentais foi mantido em 10 e 36%, respetivamente, de modo a produzir gelados com corpo e textura adequados. O estabilizador e o emulsionante (SE) foram adicionados a uma taxa de três por cento. As amostras de gelado de controlo e experimentais foram submetidas a uma avaliação sensorial utilizando uma versão modificada do cartão de pontuação de gelados ADSA7 por um painel de seis juízes. As pontuações máximas atribuídas ao sabor, corpo e textura, qualidade de fusão, cor, aspeto e embalagem (CAP) e contagem bacteriana foram 10, 5, 3, 5 e 2, respetivamente.

Quantidade de ingredientes utilizados no fabrico de 1000 gramas de mistura para gelado

Ingredientes	Controlo	Substituição de °/o			
		Tl-10°o	T2-2O°/o	T3-30°o	T4-4O°o
Leite	711.67	711.67	711.67	711.67	711.67
Leite em pó desnatado	46.00	41.40	36.80	32.20	27.60
WPC	0.00	4.60	9.20	13.80	18.40
Manteiga	89.00	89.00	89.00	89.00	89.00
Açúcar	150.00	150.00	150.00	150.00	150.00
Estabilizador e emulsionante	3.33	3.33	3.33	3.33	3.33

8.4. Efeitos da incorporação de WPC nas qualidades físico-químicas do gelado

Efeito da acidez do gelado

Aumento da acidez com o aumento da concentração de WPC

Efeito da acidez do gelado

O aumento da proteína do gelado em comparação com o controlo deve-se ao facto de o concentrado proteico de soro de leite ter um teor proteico mais elevado (82%). O uso de WPC permitiria a manutenção de altos níveis de proteína com consequentes benefícios nutricionais e possíveis benefícios funcionais. A resistência à fusão das amostras de gelado contendo concentrado proteico de soro de leite aumentou significativamente (p < 0,01) com o aumento do nível de WPC9-12.

Derretimento

A resistência à fusão das amostras de gelado que contêm concentrado de proteínas de soro de leite melhorou significativamente (P<0,01). Os resultados de Suneeta et al., (2007) também estavam de acordo com os valores actuais de que a adição de WPC até ao nível de 40 por cento, substituindo o leite em pó desnatado na mistura de gelado, melhorou a qualidade de fusão das amostras.

8.5. Gelado feito com soro de leite processado e caseinato de sódio

Person et al.,(1985) preparou sorvete usando Soro de leite doce seco, concentrado de proteína de soro de leite e caseinato de sódio foram usados neste estudo para substituir o leite seco sem gordura no sorvete. O concentrado proteico de soro de leite, uma mistura de concentrado proteico de soro de leite e soro de leite doce seco, ou uma mistura de soro de leite doce seco e caseinato de sódio foram utilizados para substituir os sólidos lácteos sem gordura a 50 ou 100%. Todos os gelados experimentais foram comparados com gelados de controlo que utilizaram leite seco magro para aumentar os sólidos lácteos sem gordura. Todas as misturas foram fabricadas para produzir um sorvete com 10,5% de gordura, 22% de sólidos totais do leite, 13% de sacarose, 3% de sólidos de xarope de milho e 0,3% de emulsificante estabilizador. O gelado foi fabricado em lotes de 114 kg, sendo a mistura misturada, pasteurizada (72°C durante 30 horas), homogeneizada com um homogeneizador de duas fases (1080 kg/cm2), arrefecida a 4°C, aromatizada com extrato de baunilha puro e congelada num congelador contínuo. O gelado foi embalado em recipientes de 1 L e depois armazenado a -30°C.

Quando 100% da FDN foi substituída, as misturas WPC apresentaram as percentagens mais elevadas de gordura (10,59%), sólidos totais (39,58%) e proteína (4,21%). As misturas DSW/CAS apresentaram as menores percentagens de cinzas (0,92%) e de sólidos totais (38,22%); e as misturas WPC/DSW apresentaram a menor percentagem média de proteínas (3,42%). As misturas WPC/DSW continham 6,34% de lactose, que era a percentagem mais elevada em qualquer das misturas; isto não era surpreendente, uma vez que dois terços da mistura eram feitos de DSW, que continha 74,7% de lactose. A lactose na mistura de gelado de controlo NFDM foi muito semelhante à da mistura DSW/ CAS.

Quando 50% do ADN foi substituído nas misturas de gelado (Tabela 3), as misturas DSW/CAS tinham a gordura mais elevada (10,84%) e o controlo a proteína mais elevada (4,08%). As misturas WPC foram as que mais se aproximaram da composição em proteínas, gordura e lactose das misturas de controlo NFDM. Mais uma vez, como esperado, as misturas WPC/DSW continham a menor quantidade de proteínas, apenas 3,67%, e a maior quantidade de lactose, 5,96%.

O estudo do consumidor de 52 famílias classificou os gelados WPC e WPC/DSW como iguais ou ligeiramente melhores do que o gelado de controlo NFDM tanto a 50 como a 100% de substituição. Os mesmos consumidores avaliaram os gelados que contêm caseinato de sódio como sendo de pior qualidade. Durante as 14 semanas de avaliação, os consumidores fizeram vários comentários sobre as amostras de sorvete contendo WPC como sendo "mais cremosas" e "mais suaves". Também indicaram que as amostras de gelado que continham a mistura de soro de leite eram "mais doces" e muito semelhantes em sabor aos produtos de gelado soft. O sabor residual do caseinato de sódio nas amostras de gelado foi descrito por alguns participantes como "azedo" ou "amargo". Embora a utilização destes produtos de soro de leite seja viável e tenha sido aceite em substituições até 100% de substituição dos sólidos lácteos não gordos, apenas o DSW pode agora ser legalmente utilizado em gelados para substituir 25% da MSNF.

Conclusão

As proteínas do leite têm excelentes propriedades nutricionais e funcionais; estes aspectos são amplamente explorados na indústria alimentar. A incorporação de leite em pó rico em proteínas em produtos alimentares resulta num valor acrescentado para os produtos. Estes pós com elevado teor de proteínas podem ser utilizados para produzir produtos alimentares com baixo teor de gordura e de calorias, destinados a um grupo específico de pessoas. Estas proteínas em pó têm também uma boa aplicação na formulação de "alimentos para desportistas". A aplicação de novas abordagens analíticas (genómica, nanotecnologia) às proteínas do leite permitirá à indústria dos lacticínios produzir ingredientes proteicos altamente funcionais e saudáveis para aplicações alimentares e dietéticas específicas.

Referências

Agarwal, S., Beausire, R. L., Patel, S., & Patel, H. (2015). Usos inovadores de concentrados de proteína do leite no desenvolvimento de produtos. Journal of food science, 80(S1), A23-A29.

Alais, C., Kiger, N., & Jolles, P. (1967). Ação do calor sobre a K-Caseína de vaca. Calor Caseino- Glicopeptídeo1. Journal of dairy science, 50(11), 1738-1743.

AL-Saadi, J. M., & Deeth, H. C. (2011). Preparação e propriedades funcionais do coprecipitado de proteínas do leite de ovelha. Revista internacional de tecnologia de laticínios, 64(4), 461-466.

Alvarez, V. B., Wolters, C. L., Vodovotz, Y., & Ji, T. (2005). Physical properties of ice cream containing milk protein concentrates. Journal of Dairy Science, 88(3), 862-871.

Alvarez, V. B., Wolters, C. L., Vodovotz, Y., & Ji, T. (2005). Physical properties of ice cream containing milk protein concentrates. Journal of Dairy Science, 88(3), 862-871.

Amélia, I., & Barbano, D. M. (2013). Produção de um concentrado líquido de caseína micelar de 18% de proteína com um longo prazo de validade refrigerado1. Journal of dairy science, 96(5), 3340-3349.

Anema, S. G., & Li, Y. (2003). Associação de proteínas desnaturadas do soro de leite com micelas de caseína em leite desnatado reconstituído aquecido e seu efeito no tamanho das micelas de caseína. Journal of Dairy Research, 70(1), 73-83.

Babella, G. (1984). Desenvolvimento e utilização de concentrados de proteínas do leite e do soro na Hungria. Desenvolvimentos na ciência alimentar.

Baer, A., Oroz, M., & Blanc, B. (1976). Estudos serológicos sobre interacções induzidas pelo calor da a-lactalbumina e das proteínas do leite. Journal of Dairy Research, 43(3), 419-432.

Beckman, S. L., Zulewska, J., Newbold, M., & Barbano, D. M. (2010). Eficiência de produção de concentrado de caseína micelar usando membranas de microfiltração poliméricas enroladas em espiral1. Journal of dairy science, 93(10), 4506-4517.

Beliciu CM, Zulewska J, Newbold M, Moraru CI, Barbano DM (2008) Propriedades funcionais de concentrados de caseína micelar reduzidos a 65% de proteína do soro obtidos por microfiltração. J Dairy Sci (E-Suplemento:1) 91:408

Beliciu, C. M., Sauer, A., & Moraru, C. I. (2012). O efeito dos regimes de esterilização comercial em concentrados de caseína micelar. Journal of dairy science, 95(10), 5510-5526.

Bernal, V., & Jelen, P. (1984). Effect of calcium binding on thermal denaturation of bovine a-lactalbumin. Journal of dairy science, 67(10), 2452-2454.

Brans, G. B. P. W., Schroen, C. G. P. H., Van der Sman, R. G. M., & Boom, R. M. (2004). Fracionamento de leite por membrana: estado da arte e desafios. Journal of Membrane Science, 243(1-2), 263-272.

Brauer, R. L., Brown, G. J., Koehn, E., Brooks, S. T., & Mahon, T. (1984). Factores de ajustamento da mão de obra da zona climática AFCS. US Army Corps of Engineers, Construction Engineering Laboratory, Champaign, Illinois.

Britten, M., & Pouliot, Y. (1996). Caracterização do isolado proteico de soro de leite obtido a partir de permeado de microfiltração de leite. Le Lait, 76(3), 255-265.

Brown, R. J. 1984. Estrutura das micelas de caseína. Simpósio na 79ª Reunião da Associação Americana de Ciência dos Lácteos. College Station, Texas, 24-27 de junho.

Buchanan, R. A., Snow, N. S., & Hayes, J. F. (1965). O FABRICO DE" CO-PRECIPITADO DE CÁLCIO". Australian Journal of Dairy Technology, 20(3), 139.

Caro, I., Soto, S., Franco, M. J., Meza-Nieto, M., Alfaro-Rodriguez, R. H., & Mateo, J. (2011). Composição, rendimento e funcionalidade do queijo Oaxaca com baixo teor de gordura: Efeitos da utilização de leite desnatado ou de um concentrado proteico de leite seco. Journal of dairy science, 94(2), 580-588.

Caro, I., Soto, S., Franco, M. J., Meza-Nieto, M., Alfaro-Rodriguez, R. H., & Mateo, J. (2011). Composição, rendimento e funcionalidade do queijo Oaxaca com baixo teor de gordura: Efeitos da utilização de leite desnatado ou de um concentrado proteico de leite seco. Journal of dairy science, 94(2), 580-588.

Caron, A., St-Gelais, D., & Pouliot, Y. (1997). Coagulação de leite enriquecido com pós de retentado de leite ultrafiltrado ou microfiltrado diafiltrado. International Dairy Journal, 7(6-7), 445-451.

Carpenter, K. G., Brown, A., & Stencel, R. E. (1985). A extensão geométrica das regiões emissoras de C II (UV 0,01) em torno de estrelas luminosas de tipo tardio. The Astrophysical Journal, 289, 676-680.

Carpenter, K. G., Brown, A., & Stencel, R. E. (1985). A extensão geométrica das regiões emissoras de C II (UV 0,01) em torno de estrelas luminosas de tipo tardio. The Astrophysical Journal, 289, 676-680.

Carpenter, R. N., & Brown, R. J. (1985). Separação de Micelas de Caseína do Leite para Determinação Rápida da Concentração de Caseína1. Journal of Dairy Science, 68(2), 307-311.

Carr A, Golding M. 2016. Produção e utilização de proteínas lácteas funcionais: ingredientes à base de caseína. Em: McSweeney PLH, O'Mahony JA, editores. Advanced dairy chemistry. Vol. 1B

(p 35-66): Proteínas: aspectos aplicados. 4.ª ed. Cork: Springer.

Clare, D. A., Catignani, G. L., & Swaisgood, H. E. (2003). Biodefense properties of milk: the role of antimicrobial proteins and peptides (Propriedades de biodefesa do leite: o papel das proteínas e peptídeos antimicrobianos). Current pharmaceutical design, 9(16), 12391255.

Considine, T., Patel, H. A., Anema, S. G., Singh, H., & Creamer, L. K. (2007). Interacções das proteínas do leite durante tratamentos térmicos e de alta pressão hidrostática - uma revisão. Ciência Alimentar Inovadora e Tecnologias Emergentes, 8(1), 1-23.

Corredig, M., & Dalgleish, D. G. (1996). Efeito da temperatura e do pH nas interacções das proteínas do soro com as micelas de caseína no leite desnatado. Food Research International, 29(1), 49-55.

Corredig, M., & Dalgleish, D. G. (1996). Efeito da temperatura e do pH nas interacções das proteínas do soro com as micelas de caseína no leite desnatado. Food Research International, 29(1), 49-55.

Creamer, L. K., Berry, G. P., & Matheson, A. R. (1978). O efeito do pH na agregação de proteínas no leite desnatado aquecido. New Zealand Journal of Dairy Science and Technology.

Croguennec, T., T O'Kennedy, B., & Mehra, R. (2004). Desnaturação/agregação induzida pelo calor da P-lactoglobulina A e B: cinética dos primeiros intermediários formados. International Dairy Journal, 14(5), 399-409.

Crowley, S. V., Gazi, I., Kelly, A. L., Huppertz, T., & O'Mahony, J. A. (2014). Influência da concentração de proteína nas características físicas e propriedades de fluxo de pós concentrados de proteína do leite. Journal of Food Engineering, 135, 31-38.

Dalgleish, D. G. 1982. A coagulação enzimática do leite. In: Developments in Dairy Chemistry, Vol. 1: Proteins. P.F. Fox (Editor). Applied Science Publishers, Londres, pp. 157183

Damodaran, S. (1997). Proteínas alimentares: Uma visão geral. In: Food proteins and their applications. ed. S. Damodaran e A. Paraf. Marcel Dekker, Inc., Nova Iorque: 1-24

De Castro-Morel, M., & Harper, W. J. (2002). Funcionalidade básica dos concentrados proteicos do leite comercial. Milchwissenschaft, 57(7), 367-370.

De Wit, J. N. (1981). Structure and functional behaviour of whey proteins (Estrutura e comportamento funcional das proteínas do soro de leite). Netherlands Milk and Dairy Journal (Países Baixos).

de Wit, J. N., & Klarenbeek, G. (1981). A differential scanning calorimetric study of the thermal behaviour of bovine P-lactoglobulin at temperatures up to 160° C. Journal of Dairy Research, 48(2), 293-302. del Angel, C. R., & Dalgleish, D. G. (2006). Estruturas e algumas propriedades de complexos proteicos solúveis formados pelo aquecimento de leite em pó desnatado reconstituído. Food Research International, 39(4), 472-479.

Doi, H., Ibuki, F., & Kanamori, M. (1979). Interacções de componentes de k-caseína com asl- e P-caseínas. Agricultural and Biological Chemistry, 43(6), 1301-1308.

Donato, L., Guyomarc'h, F., Amiot, S., & Dalgleish, D. G. (2007). Formação de complexos de proteína de soro de leite/K- caseína em leite aquecido: Reação preferencial da proteína de soro de leite com k-caseína nas micelas de caseína. International Dairy Journal, 17(10), 1161-1167.

Dunnill, P., & Green, D. W. (1966). Sulphydryl groups and the N^ R conformational change in P-lactoglobulin. Journal of Molecular Biology, 15(1), 147-151.

Dybowska, B. E. (2001). ORIGINAL PAPERS-The effects of processing conditions on the rheology and physico-chemical properties of milk protein-stabilized O/W emulsions. Milchwissenschaft, 56(2), 63-66.

Dziuba, J. (1979). Participação de grupos funcionais de caseína na formação de um complexo com betalactoglobulina. Ata Alimentaria Polonica (Polónia).

Dzurec, D. J., & Zall, R. R. (1985). Effect of heating, cooling, and storing milk on casein and whey proteins. Journal of Dairy Science, 68(2), 273-280.

Elfagm, A. A., & Wheelock, J. V. (1977). Effect of heat on a-lactalbumin and P-lactoglobulin in bovine milk. Journal of Dairy Research, 44(2), 367-371.

Elfagm, A. A., & Wheelock, J. V. (1977). Effect of heat on a-lactalbumin and P-lactoglobulin in bovine milk. Journal of Dairy Research, 44(2), 367-371.

Eswarapragada, N. M., Reddy, P. M., & Prabhakar, K. (2010). Qualidade da salsicha de porco com baixo teor de gordura contendo leite-co-precipitado. Jornal de ciência e tecnologia alimentar, 47(5), 571573.

Euston, S. R., & Hirst, R. L. (2000). As propriedades emulsificantes dos produtos comerciais de proteína do leite em emulsões simples de óleo em água e num sistema alimentar modelo. Journal of Food Science, 65(6), 934-940.

Evans, J., Zulewska, J., Newbold, M., Drake, M. A., & Barbano, D. M. (2010). Comparação da composição e propriedades sensoriais de 80% de proteína de soro de leite e concentrados de proteína de soro de leite1. Journal of dairy science, 93(5), 1824-1843.

Everette, T. J. (1952). Patente dos EUA n.º 2.621.686. Washington, DC: U.S. Patent and Trademark Office.

Famelart, M. H., Lepesant, F., Gaucheron, F., Le Graet, Y., & Schuck, P. (1996). Modificações físico-químicas induzidas pelo pH de suspensões de fosfocaseinato nativo: Influência da fase aquosa. Le lait, 76(5), 445-460.

Farah, Z. (1979). Alterações nas proteínas do leite aquecido UHT. Milchwissenschaft.

Foegeding, E. A., Davis, J. P., Doucet, D., & McGuffey, M. K. (2002). Avanços na modificação e compreensão da funcionalidade das proteínas do soro de leite. Trends in Food Science & Technology, 13(5), 151-159.

Forsum, E. (1975). Utilização de um concentrado proteico de soro de leite como suplemento de milho, arroz e batata: uma avaliação química e biológica utilizando ratos em crescimento. The Journal of nutrition, 105(2), 147-153.

Fox, P. F. (1981). Alterações induzidas pelo calor no leite que precedem a coagulação. Journal of Dairy Science, 64(11), 2127-2137.

Fox, P. F., & Mulvihill, D. M. (1982). Milk proteins: molecular, colloidal and functional properties. Journal of Dairy Research, 49(4), 679-693.

Francolino, S., Locci, F., Ghiglietti, R., Iezzi, R., & Mucchetti, G. (2010). Utilização de concentrado proteico de leite para normalizar a composição do leite no fabrico de queijo Mozzarella cítrico italiano. LWT-Food Science and Technology, 43(2), 310-314.

Goff, H. D., & Hill, A. R. (1993). Chemistry and physics. VCH PUBLISHERS, NOVA YORK, NY(EUA), 1-81.

Goncalves, M. P., Bourgeois, C. M., Lefebvre, J., & Doublier, J. L. (1986). Precipitação de proteínas do plasma bovino por polissacáridos aniónicos. 2. Estudo reológico dos coprecipitados obtidos com alginato de sódio e lambda-carragenina. Sciences des Aliments (França).

Goncalves, M. P., Bourgeois, C. M., Lefebvre, J., & Doublier, J. L. (1986). Precipitação de proteínas do plasma bovino por polissacáridos aniónicos. 2. Estudo reológico dos coprecipitados obtidos com alginato de sódio e lambda-carragenina. Sciences des Aliments (França).

Govindasamy-Lucey, S., Jaeggi, J. J., Johnson, M. E., Wang, T., & Lucey, J. A. (2007). Utilização de retentados de microfiltração a frio produzidos com membranas poliméricas para a padronização de leites para o fabrico de queijo para pizza. Journal of dairy science, 90(10), 4552-4568.

Grufferty, M. B., & Mulvihill, D. M. (1987). Proteínas recuperadas de leites aquecidos a valores de pH alcalinos. International Journal of Dairy Technology, 40(4), 82-85.

Guinee, T. P., Mulholland, E. O., Kelly, J., & Callaghan, D. J. O. (2007). Effect of protein-to-fat ratio of milk on the composition, manufacturing efficiency, and yield of Cheddar cheese. Journal of dairy science, 90(1), 110-123.

Guinee, T. P., Mulholland, E. O., Kelly, J., & Callaghan, D. J. O. (2007). Effect of protein- to fat ratio of milk on the composition, manufacturing efficiency, and yield of Cheddar cheese. Journal of dairy science, 90(1), 110-123.

Guinee, T. P., Pudja, P. D., & Mulholland, E. O. (1994). Effect of milk protein standardization, by ultrafiltration, on the manufacture, composition and maturation of Cheddar cheese. Journal of Dairy Research, 61(1), 117-131.

Gumpen, S., Hegg, P. O., & Martens, H. (1979). Estabilidade térmica de complexos de ácidos gordos-albumina sérica estudados por calorimetria diferencial de varrimento. Biochimica et Biophysica Ata (BBA)-Lipids and Lipid Metabolism, 574(2), 189-196.

Guyomarc'h, F., Nono, M., Nicolai, T., & Durand, D. (2009). Agregação induzida pelo calor de proteínas de soro de leite na presença de K-caseína ou caseinato de sódio. Food Hydrocolloids, 23(4), 1103-1110.

Guyomarc'h, F., Queguiner, C., Law, A. J., Horne, D. S., & Dalgleish, D. G. (2003). Role of the soluble and micelle-bound heat-induced protein aggregates on network formation in acid skim milk gels. Journal of Agricultural and Food Chemistry, 51(26), 7743-7750.

Guzm'an-Gonz'alez M, Morais F, Ramos M, Amigo L. 1999. Influência da substituição do concentrado de leite desnatado por produtos lácteos secos num sistema modelo de iogurte de baixa gordura tipo set-type. I: utilização de concentrados proteicos de soro, concentrados proteicos de leite e leite em pó desnatado. J Sci Food Agric 79:1117-22

Guzman-Gonzalez, M., Morais, F., & Amigo, L. (2000). Influência da substituição do concentrado de leite desnatado por produtos lácteos secos num sistema modelo de iogurte de baixo teor de gordura.

Utilização de caseinatos, co-precipitados e pós lácteos misturados. Journal of the Science of Food and Agriculture, 80(4), 433-438.

Harvey, J. (2006). Fortificação proteica do leite para queijo utilizando concentrado de proteínas do leite - melhoria do rendimento e da qualidade do produto. Jornal australiano de tecnologia de laticínios, 61(2), 183.

Harvey, J. (2006). Fortificação proteica do leite para queijo utilizando concentrado proteico do leite - melhoria do rendimento e da qualidade do produto. Jornal australiano de tecnologia de laticínios, 61(2), 183.

Harwalkar, V. R. "Kinetics of Thermal Denaturation of P-Lactoglobulin at pH 2.51." Journal of dairy science 63, no. 7 (1980): 1052-1057.

Haug, A., H0stmark, A. T., & Harstad, O. M. (2007). Bovine milk in human nutrition-a review. Lipids in health and disease, 6(1), 25.

Haurowitz, F. 1963. Albuminas, globulinas e outras proteínas solúveis. In: The Chemistry and Function of Proteins. F. Haurowitz (Editor). Academic Press, Nova Iorque, pp 1-455

Hillier, R. M., Lyster, R. L., & Cheeseman, G. C. (1979). Thermal denaturation of a-lactalbumin and P-lactoglobulin in cheese whey: effect of total solids concentration and pH. Journal of Dairy Research, 46(1), 103-111.

Hillier, R. M., Lyster, R. L., & Cheeseman, G. C. (1979). Thermal denaturation of a-lactalbumin and P-lactoglobulin in cheese whey: effect of total solids concentration and pH. Journal of Dairy Research, 46(1), 103-111.

Hindle, E. J., & Wheelock, J. V. (1970). The release of peptides and glycopeptides by the action of heat on cow's milk. Journal of Dairy Research, 37(3), 397-405.

Howat, G. R., & Wright, N. C. (1934). A coagulação térmica do caseinogénio: O papel da clivagem do fósforo. Biochemical Journal, 28(4), 1336.

Hunziker, H. G., & Tarassuk, N. P. (1965). Chromatographic Evidence for Heat-Induced Interaction of a-Lactalbumin and P-Lactoglobulin1. Journal of dairy science, 48(6), 733-734. Hurt, E., Zulewska, J., Newbold, M., & Barbano, D. M. (2010). Produção de concentrado de caseína micelar com um processo de membrana cerâmica de pressão transmembrana uniforme de 3X, 3 estágios, a 50° C1. Journal of dairy science, 93(12), 5588-5600.

Hynd, J. 1975. The industrial production of milk proteins. J. Soc. Dairy Technol. 28:197. IRI. 2014. Base de dados de vantagens de mercado da Custom Dairy Management Inc. Base de dados de vantagens de mercado J. Dairy Sci. Technol. 15, 245-254.

Jang, H. D., & Swaisgood, H. E. (1990). Formação de ligações dissulfureto entre P-lactoglobulina termicamente desnaturada e K-caseína em micelas de caseína. Journal of Dairy Science, 73(4), 900-904.

Jang, H. D., & Swaisgood, H. E. (1990). Formação de ligações dissulfureto entre P-lactoglobulina termicamente desnaturada e K-caseína em micelas de caseína. Journal of Dairy Science, 73(4), 900-904.

Jang, H. D., & Swaisgood, H. E. (1990). Formação de ligações dissulfureto entre P-lactoglobulina termicamente desnaturada e K-caseína em micelas de caseína. Journal of Dairy Science, 73(4), 900-904. Jay R. Hoffman e Michael J. Falvo (2004). "Proteína - Qual é a melhor?". Journal of Sports Science and Medicine (3): 118-130

Jelen,p., Buchheim W. e Peters K.H.(1987) Milchwissenschaft,42,418

Jurlina W. 2014. Bebidas lácteas. Apresentação no 16° Simpósio Anual de Ingredientes Lácteos de 26 a 27 de março de 2014

Kester, J. J., & Richardson, T. (1984). Modificação das proteínas do soro de leite para melhorar a funcionalidade. Journal of Dairy Science, 67(11), 2757-2774.

Kinsella, J. E., & Morr, C. V. (1984). Milk proteins: physicochemical and functional properties. Critical Reviews in Food Science & Nutrition, 21(3), 197-262.

Kinsella, J.E., Whitehead, D.M., Brady, J., Bringe, N.A., 1989. Milkproteins possible relationships of structure and function (Proteínas do leite: possíveis relações entre estrutura e função). In:Fox, P.F. (Ed.), Developments in Dairy Chemistry- 4 FunctionalMilk Proteins. Applied Science Publishers Ltd., Londres, Inglaterra, pp. 55-93

Kosaric, N., & Ng, D. C. M. (1983). Algumas propriedades funcionais dos coprecipitados de cálcio da proteína do leite. Jornal do Instituto Canadiano de Ciência e Tecnologia Alimentar, 16(2), 141-147.

Kothe, N., Dichtelmuller, H., Stephan, W., & Eichentopf, B. (1987). Patente dos EUA n° 4.644.056.

Washington, DC: U.S. Patent and Trademark Office.

Kronman, M. J., & Andreotti, R. E. (1964). Interacções inter e intramoleculares da a-lactalbumina. I. A aparente heterogeneidade em pH ácido. Biochemistry, 3(8), 1145-1151.

Kudo, S. (1980). A estabilidade térmica do leite: formação de proteínas solúveis e micelas desprovidas de proteínas a temperaturas elevadas. New Zealand Journal of Dairy Science and Technology, 15(3), 255-263.

Kudo, S. 1980B. A influência do aS2-caseino na estabilidade térmica de leites artificiais. N.Z.

Kuo, C. J., & Harper, W. J. (2003). Efeito do tempo de hidratação do concentrado de proteína do leite na textura do queijo Feta fundido. Milchwissenschaft, 58(5-6), 283-286.

Larson, B. L., & Rolleri, G. D. (1955). Desnaturação pelo calor das proteínas séricas específicas do leite. Journal of Dairy Science, 38(4), 351-360.

Lin, V. J. C., & Koenig, J. L. (1976). Estudos Raman de albumina de soro bovino. Biopolímeros: Original Research on Biomolecules, 15(1), 203-218.

Loewnstein, M., & Paulraj, V. K. (1971). Preparação e avaliação da produção de crescimento de um coprecipitado concentrado de proteína de soro de soja e queijo. Food Prod Develop.

Lorient, D. (1979). Ligações covalentes formadas em proteínas durante a esterilização do leite: estudos sobre caseínas e peptídeos de caseína. Journal of Dairy Research, 46(2), 393-396.

Lucey, J. A., Munro, P. A., & Singh, H. (1999). Efeitos do tratamento térmico e da adição de proteína de soro de leite nas propriedades reológicas e na estrutura de géis de leite desnatado ácido. International Dairy Journal, 9(3-6), 275-279.

Luhovyy, B. L., Akhavan, T., & Anderson, G. H. (2007). Proteínas de soro de leite na regulação da ingestão de alimentos e saciedade. Journal of the American College of Nutrition, 26(6), 704S-712S.

Macritchie, F. (1973). Efeitos da temperatura na dissolução e precipitação de proteínas e poliaminoácidos. Journal of Colloid and Interface Science, 45(2), 235-241.

Mahmoudi, N., Mehalebi, S., Nicolai, T., Durand, D., & Riaublanc, A. (2007). Estudo de dispersão de luz da estrutura de agregados e géis formados por isolado de proteína de soro de leite desnaturado pelo calor e P-lactoglobulina em pH neutro. Journal of Agricultural and Food Chemistry, 55(8), 3104-3111.

Marshall, K. (2004). Aplicações terapêuticas da proteína de soro de leite. Revista de medicina alternativa, 9(2), 136-157.

McKenzie, H. A. 1971. Proteínas do soro de leite e proteínas menores: P-Lactoglobulinas. In: Proteínas do Leite: Chemistry and Molecular Biology, Vol. 2. H.A. McKenzie (Editor). Academic Press, Nova Iorque, pp. 257-330.

McMahon, D. J., & Brown, R. J. (1984). Coagulação enzimática de micelas de caseína: uma revisão. Journal of Dairy Science, 67(5), 919-929.

Mintel, Apresentação na IFT 2013. Proteína: Será a próxima grande novidade? Apresentado por David Jago e Lynn Dornblaser, 14 de julho de 2013, sessão 332-01

Mistry, V. V. (2002). Fabrico e aplicação de pó com elevado teor de proteínas do leite. Le Lait, 82(4), 515-522.

Mistry, V. V., & Pulgar, J. B. (1996). Propriedades físicas e de armazenamento do leite em pó com alto teor de proteína. International Dairy Journal, 6(2), 195-203.

Mistry, V. V., Hassan, H. N., & Robison, D. J. (1992). Effect of lactose and protein on the microstructure of dried milk. Food structure, 11(1), 8.

Modler, H. W. (1985). Propriedades funcionais de ingredientes lácteos sem gordura - uma revisão. Modificação de produtos contendo caseína. Journal of Dairy Science, 68(9), 2195-2205.

Modler, H. W. (1985). Propriedades funcionais de ingredientes lácteos sem gordura - uma revisão. Modificação da Lactose e Produtos que Contêm Proteínas do Soro de Leite1, 2. Journal of Dairy Science, 68(9), 2206-2214.

Modler, H. W., & Emmons, D. B. (1977). Propriedades do concentrado proteico de soro de leite preparado por aquecimento em condições ácidas. Journal of Dairy Science, 60(2), 177-184.

Modler, H. W., & Harwalker, V. R. (1981). Milchwissenschaft, 36, 537. Google Scholar.

Morr, C. V. (1965). Effect of Heat upon Electrophoresis and Ultracentrifugal Sedimentation Properties of Skimmilk Protein Fractions1. Journal of dairy science, 48(1), 8-13.

Morr, C. V. (1979). Utilização das proteínas do leite como matérias-primas para outros géneros alimentícios. Journal of Dairy Research, 46(2), 369-376.

Morr, C. V. (1985). Composição, propriedades físico-químicas e funcionais de concentrados proteicos de soro de leite de referência. Journal of Food Science, 50(5), 1406-1411.

Morr, C. V. 1982. Propriedades funcionais das proteínas do leite e sua utilização como ingredientes alimentares. Página 375 in Developments in dairy chemistry - 1. P. F. Fox, ed., Appl. Editora Appl. Sci., Londres

Morr, C. V., Van Winkle, Q. e Gould, I. .4. 1962. Aplicação da técnica de polarização de fluorescência a estudos de proteínas. 111. A interação de <-caseína e 0-lactoglobulina. J. Dairy Sci. 45, 823-826.

Morrissey, P. A. (1969). The rennet hysteresis of heated milk. Journal of Dairy Research, 36(3), 333-341.

Mulder, H. e Walstra, P. 1974. Cremação e separação. In: The Milkfat Globule, Commonwealth Agriculture Bureau, Bucks, Inglaterra, pp. 168-173.

Muller, L. L. 1982. Manufacture of casein, caseinates and coprecipitates. Página 315 em Development in dairy chemistry - 1. P. F. Fox, ed. Appl. Appl. Sci. Publ., Lond

Muller, L. L., Hayes, J. F., & Snow, N. (1967). Studies on co-precipitates of milk proteins. Australian Journal of Dairy Technology, 22(1), 12.

Nakagawa, K., Jarunglumlert, T., & Adachi, S. (2016). As alterações estruturais nos agregados de caseína em condições de congelamento afectam o aprisionamento de materiais hidrofóbicos e a digestibilidade dos agregados. Ciência da Engenharia Química, 143, 287-296.

Neocleous, M., Barbano, D. M., & Rudan, M. A. (2002). Impacto 9 da Microfiltração de Fator de Baixa Concentração na Recuperação de Componentes do Leite e no Rendimento do Queijo Cheddar1. Journal of dairy science, 85(10), 2415-2424.

Nicorescu, I., Loisel, C., Vial, C., Riaublanc, A., Djelveh, G., Cuvelier, G., & Legrand, J. (2008). Efeito combinado do tratamento térmico dinâmico e da força iónica nas propriedades das espumas de proteína de soro de leite-Parte II. Food research international, 41(10), 980-988.

O'Mahony, J. A., Smith, K. E., & Lucey, J. A. (2007). Purificação de Beta-Caseína do Leite. Fundação de Investigação dos Antigos Alunos do Wisconsin. WO/2007/055932.

O'Kennedy, B. T., & Mounsey, J. S. (2006). Controlo da agregação de proteínas de soro de leite induzida pelo calor utilizando caseína. Journal of agricultural and food chemistry, 54(15), 5637-5642.

Oldfield, D. J., Singh, H., Taylor, M. W., & Pearce, K. N. (2000). Interacções induzidas pelo calor da P-lactoglobulina e da a-lactalbumina com a micela de caseína no leite desnatado com pH ajustado. International Dairy Journal, 10(8), 509-518.

Papadatos, A., Neocleous, M., Berger, A. M., & Barbano, D. M. (2003). Avaliação da viabilidade económica da microfiltração do leite antes da produção de queijo. Journal of dairy science, 86(5), 1564-1577.

Patel, M. R., Baer, R. J., & Acharya, M. R. (2006). Aumentando o teor de proteína do sorvete1. Journal of dairy science, 89(5), 1400-1406.

Payens, T. A. J., & Vreeman, H. J. (1982). Micelas de Caseína e Micelas de x e P-Caseína. Em Solution behavior of surfactants (pp. 543-571). Springer, Boston, MA.

Pearce, R. J. (1980). Heat-stable components in the Aschaffenburg and Drewry total albumin fraction from bovine milk. New Zealand Journal of Dairy Science and Technology, 15(1), 13-22.

Qi, P. X., & Onwulata, C. I. (2011). Propriedades físicas, estruturas moleculares e qualidade proteica do isolado proteico de soro de leite texturizado: Efeito do teor de humidade da extrusão1. Journal of dairy science, 94(5), 2231-2244.

Rehman, S. U., Farkye, N. Y., Considine, T., Schaffner, A., & Drake, M. A. (2003). Efeitos da padronização do leite integral com concentrado de proteína seca do leite sobre o rendimento e a maturação do queijo Cheddar com teor reduzido de gordura. Journal of dairy science, 86(5), 1608-1615.

Rizvi, S. S., & Brandsma, R. L. (2002). Patente dos EUA n° 6.485.762. Washington, DC: Escritório de Patentes e Marcas Registradas dos EUA.

Ruegg, M., Moor, U., & Blanc, B. (1977). Um estudo calorimétrico da desnaturação térmica das proteínas do soro de leite em ultrafiltrado de leite simulado. Journal of Dairy Research, 44(3), 509-520.

Rutherfurd, S. M., & Moughan, P. (1998). A composição de aminoácidos digestíveis de várias proteínas do leite: aplicação de um novo bioensaio. Journal of dairy science, 81(4), 909-917.

Sarwar, G. (1997). O método da pontuação de aminoácidos corrigida pela digestibilidade das proteínas sobrestima a qualidade das proteínas que contêm factores antinutricionais e das proteínas pouco digeríveis suplementadas com aminoácidos limitantes em ratos. The Journal of nutrition, 127(5), 758-764.

Sauer, A., & Moraru, C. I. (2012). Estabilidade térmica de concentrados de caseína micelar como afetada pela temperatura e pH. Journal of dairy science, 95(11), 6339-6350.

Sawyer, W. H. (1969). Complexo entre P-lactoglobulina e K-caseína. A review. Journal of Dairy Science, 52(9), 1347-1355.

Schaafsma, G. (2000). A pontuação de aminoácidos corrigida pela digestibilidade das proteínas. The Journal of nutrition, 130(7), 1865S-1867S.

Schmidt, D. G. (1980). Colloidal aspects of casein. Netherlands Milk and Dairy Journal, 34(1), 42-64.

Schmutz, M., & Puhan, Z. (1981). Chemisch-physikalische Veranderungen wahrend der Tiefkuhllagerung von Milch. Deutsche Molkerei-Zeitung, 17, 552-564.

Shahani, K. M. 1974. Avanços recentes na química e física dos produtos lácteos para a normalização das técnicas de transformação e fabrico. XIX Int. Dairy Congr. 2, 306- 322

Shalabi, S. I., & Wheelock, J. V. (1977). Efeito dos agentes bloqueadores de sulfidrilo na fase primária da ação da quimosina nas micelas de caseína aquecidas e no leite aquecido. Journal of Dairy Research, 44(2), 351-355.

Shimada, K., & Matsushita, S. (1981). Efeitos de sais e desnaturantes na termocoagulação de proteínas. Journal of agricultural and food chemistry, 29(1), 15-20.

Smits, P., & Van Brouwershaven, J. H. (1980). Associação induzida pelo calor de micelas de P-lactoglobulina e caseína. Journal of Dairy Research, 47(3), 313-325.

Southward, C. R., & Goldman, A. (1975). Co-precipitados - uma revisão. New Zealand journal of dairy science and technology.

Swaisgood, H. E. 1982. Química das proteínas do leite. In: Developments in Dairy Chemistry, Vol. 1: Proteins. P. F. Fox (Editor). Applied Science Publishers, Londres, pp. 1-52

Terada, H., Watanabe, K., & Kametani, F. (1980). Possible role of denatured albumin in formation of "heat-resistant" serum albumin. Boletim da Sociedade Química do Japão, 53(11), 3138-3142.

Thompson, L. U. (1977). Coprecipitação de proteínas de colza e de soro de queijo através de tratamento ácido e térmico. Jornal do Instituto Canadiano de Ciência e Tecnologia Alimentar, 10(1), 4348.

USDEC (2016) United States Dairy Export Council, www.usdec.org, Retrieved- 09:00 am, Vasbinder, A. J., & De Kruif, C. G. (2003). Interacções entre a caseína e a proteína do soro de leite no leite aquecido: a influência do pH. International dairy journal, 13(8), 669-677.

Walstra P, Wouters JTM, Geurts TJ. (2006), Milk Components, Dairy Science and Technology. 2nd ed. CRC Press; Capítulo 2.

Walstra, P. e Jenness, R. 1984. Dairy Chemistry and Physics. John Wiley and Sons, Nova Iorque. Walstra, P. e Jenness, R. 1984. Dairy Chemistry and Physics. John Wiley and Sons, Nova Iorque Walstra, P., & Jenness, R. (1984). Dairy chemistry & physics. John Wiley & Sons.

Wang, C. H., & Damodaran, S. (1991). Gelificação térmica de proteínas globulares: influência da conformação da proteína na força do gel. Journal of Agricultural and Food Chemistry, 39(3), 433-438.

Watanabe, K., & Klostermeyer, H. (1976). Alterações induzidas pelo calor nos níveis de sulfidrilo e dissulfureto da P-lactoglobulina A e na formação de polímeros. Journal of Dairy Research, 43(3), 411-418.

Yanjie L, Molitor M, Lucey J (2015) Novo processo de microfiltração para o fabrico de isolado de caseína solúvel a partir de leite acidificado, Resumo 65198, poster ADSA, Wisconsin Center for Dairy Research, Universidade de Wisconsin-Madison

Ye, A. (2011). Propriedades funcionais dos concentrados de proteínas do leite: Propriedades emulsificantes, adsorção e estabilidade de emulsões. International Dairy Journal, 21(1), 14-20.

Zaleska, H., Ring, S., & Tomasik, P. (2001). Electrossíntese de complexos de amido de batata-caseína. Revista internacional de ciência e tecnologia alimentar, 36(5), 509-515.

Zittle, C. A., Thompson, M. P., Custer, J. H., & Cerbulis, J. (1962). K-Casein-P- Lactoglobulin Interaction in Solution When Heated. Journal of Dairy Science, 45(7), 807-810. Zulewska, J., Newbold, M., & Barbano, D. M. (2009). Eficiência da remoção de proteínas séricas do leite desnatado com membranas cerâmicas e poliméricas a 50° C1. Journal of dairy science, 92(4

I want morebooks!

Buy your books fast and straightforward online - at one of world's fastest growing online book stores! Environmentally sound due to Print-on-Demand technologies.

Buy your books online at
www.morebooks.shop

Compre os seus livros mais rápido e diretamente na internet, em uma das livrarias on-line com o maior crescimento no mundo! Produção que protege o meio ambiente através das tecnologias de impressão sob demanda.

Compre os seus livros on-line em
www.morebooks.shop

Printed by Books on Demand GmbH, Norderstedt / Germany